Chanpin Jichu Xingtai Sheji

产品基础形态设计

孙虎 主编

融入思政元素
全面提升学生思想道德修养

Integrating ideological and political elements
to comprehensively enhance
students' ideological and moral cultivation

提供数字化资源
增强学生的学习体验

Providing digital resources
to enhance students' learning experience

设计跨学科内容
培养学生综合分析能力和创新思维

Designing interdisciplinary contents
to cultivate students' comprehensive analytical ability
and innovative thinking

武汉理工大学出版社
WUHAN UNIVERSITY OF TECHNOLOGY PRESS

图书在版编目（CIP）数据

产品基础形态设计 / 孙虎主编. -- 武汉 : 武汉理工大学出版社, 2025.1

ISBN 978-7-5629-6946-4

Ⅰ. ①产… Ⅱ. ①孙… Ⅲ. ①产品设计—造型设计 Ⅳ. ①TB472.2

中国国家版本馆 CIP 数据核字 (2023) 第 251117 号

项目负责人：杨　涛
责 任 编 辑：胡璇小惠
责 任 校 对：陈海军
装 帧 设 计：艺欣纸语
排　　　版：武汉恒昇印务有限公司
出 版 发 行：武汉理工大学出版社
社　　　址：武汉市洪山区珞狮路 122 号
邮　　　编：430070
网　　　址：http://www.wutp.com.cn
经　　　销：各地新华书店
印　　　刷：武汉精一佳印刷有限公司
开　　　本：889 mm×1194 mm　1/16
印　　　张：8.5
字　　　数：258 千字
版　　　次：2025 年 1 月第 1 版
印　　　次：2025 年 1 月第 1 次印刷
定　　　价：158.00 元

凡购本书，如有缺页、倒页、脱页等印装质量问题，请向出版社发行部调换。

本社购书热线电话：027-87391631　87523148　87165708（传真）

前言

产品形态设计作为产品设计与工业设计领域的核心内容，既是设计实践的基础，也是设计理论的重要组成部分。随着人工智能技术的快速发展以及学科交叉融合的不断深化，产品形态设计的内涵与外延正在发生深刻变化。本书《产品基础形态设计》正是在这一背景下，基于多年教学实践与研究成果，系统梳理产品形态设计的理论体系与实践方法，旨在为读者提供一本兼具学术深度与实践指导价值的书籍。

本书从产品形态的基本概念出发，逐步深入探讨形态与结构、材料、工艺、色彩等要素之间的关系，并结合人工智能技术的应用，提出形态设计的新方法与新思路。全书共分为五章，内容涵盖产品形态的概念与分类、形态设计的训练方法、形态语意的文化定位以及典型案例分析，力求从多维度、多层次展现产品形态设计的全貌。

本书以产品形态设计为核心，构建了从基础概念到实践方法的完整理论体系。第1章详细阐述了产品形态的基本概念、分类与特征，并引入多维视角探讨形态设计的复杂性。第2章深入分析了形态与结构、材料、工艺、色彩等要素之间的关系，为读者提供了全面的设计视角。第3章系统介绍了形态造型训练的基础与方法，包括从二维视图到三维形态的训练、基础几何形态的设计训练、功能主导下的形态设计训练等，并结合设计流程与常用方法，为读者提供了可操作的实践指导。第4章从文化视角出发，探讨产品形态语意的塑造原则、外延与内涵，并结合实际案例，分析产品语意在设计中的应用。通过将文化元素融入形态设计，本书引导读者思考“为谁而设计”的根本问题，培养“为民设计”的理念。第5章通过契合形态、模块化设计等典型案例，深入剖析形态设计在实际项目中的应用，帮助读者将理论与实践相结合，提升设计能力。随着人工智能技术在设计领域的广泛应用，本书特别增设了“AI辅助设计师优化产品形态表达”与“AI辅助形态创新简介”等内容，探讨人工智能如何赋能形态设计，帮助设计师更高效地完成形态优化与创新。

本书既适合作为高等院校产品设计、工业设计专业的教材，也可作为设计从业者的参考用书。初学者可按照章节顺序系统学习，逐步掌握产品形态设计的基础理论与方法；有一定基础的读者可通过每章开篇的知识结构图快速定位重点内容，并结合章节末尾的习题巩固所学知识。此外，本书还提供了丰富的案例分析与实践训练，帮助读者将理论应用于实际设计项目中。

在本书的编写过程中，我们得到了西华大学产品设计教研室和四川工程职业技术大学冉秋艺老师的大力支持，在此表示衷心的感谢。

希望本书能够为产品设计与工业设计领域的研究者、教育者与实践者提供有益的参考，推动产品形态设计理论与实践的进一步发展。

编 者

2024年3月

目录

1　产品形态的概念及内涵　1

1.1　产品形态的基本概念　3

1.2　形态的分类　5

1.3　产品形态的分类　6

1.4　产品形态的特征　7

1.5　产品形态设计的多维视角　10

1.6　产品基础形态设计与人工智能　17

2　形态与形态各要素之间的关系　21

2.1　形态与结构　23

2.2　形态与材料、工艺　28

2.3　形态与色彩　40

2.4　AI辅助设计师优化产品形态表达　46

3　形态造型训练基础及方法　51

3.1　从二维视图到三维形态的训练　53

3.2　基础几何形态的设计训练　58

3.3　产品功能主导下的形态设计训练　64

3.4　形态设计的流程　67

3.5　形态设计常用的方法　72

3.6　设计评价　83

3.7　AI辅助形态创新简介　85

4　产品形态设计的文化定位　89

4.1　产品意义的观念沿革　91

4.2　产品语意概述　93

4.3　产品形态语意的阐释　94

4.4　产品语意的塑造原则　97

目录

4.5 产品形态语意的外延和内涵 99

4.6 产品形态语意设计的程序 101

4.7 产品语意在设计中的应用 103

5 典型案例分析 107

5.1 契合形态 109

5.2 模块化设计 113

5.3 应用案例分析 116

参考文献 130

1

产品形态的概念及内涵

【知识结构图】

产品形态的概念及内涵

- 1.1 产品形态的基本概念 重点
  - 1.1.1 产品形态的作用
  - 1.1.2 产品形态的定义
- 1.2 形态的分类
  - 1.2.1 现实形态、理念形态和纯粹形态
  - 1.2.2 自然形态和人工形态
- 1.3 产品形态的分类
  - 1.3.1 空间范畴
  - 1.3.2 功能范畴
- 1.4 产品形态的特征
  - 1.4.1 功能性
  - 1.4.2 创造性
  - 1.4.3 概念性
  - 1.4.4 形象性
- 1.5 产品形态设计的多维视角 思政点 重点
  - 1.5.1 产品设计的分类
  - 1.5.2 产品设计的层次
  - 1.5.3 产品的层次
  - 1.5.4 形态与功能
- 1.6 产品基础形态设计与人工智能
  - 1.6.1 简化设计流程
  - 1.6.2 辅助设计工作

【学习要点】

（1）形态的基本概念

形态包含“形”和“态”两个概念。产品之“形”指产品的形状、造型，是产品外观的直接体现。产品之“态”是依附于产品的“形”而存在的，指的是产品的外观神态及其传达的精神内涵。“形”与“态”之间相互关联，又存在差异。

（2）产品形态设计的重要性

产品形态设计不仅强调产品的功能和性能，还强调产品的美观、易用性以及与用户的情感沟通。学习时需着重关注产品形态与功能的关系，优化结构和工艺，使外形设计与功能相匹配。理解产品能用、好用、易用和爱用的层次内涵，这些要点共同影响着产品形态设计的最终效果和市场接受度。

（3）产品形态设计的目标

优秀的产品形态设计能够提升产品的整体价值和市场竞争力。通过精心的设计，产品能够在激烈的市场竞争中脱颖而出，满足用户的需求并为其提供更佳的使用体验。

本章教学视频

1.1　产品形态的基本概念

产品是由一定物质材料以一定结构形式结合而成的、具有相应功能的客观实体。它是人造物，不是自然形成的物质，也不是抽象的精神存在物。产品设计是对产品的造型、结构和功能等方面进行综合性的设计，以便生产、制造出符合人们需求的实用、经济、美观的产品。产品设计的目的是“以用户为本，为了使用的设计”。产品设计需要满足功能性要求、审美性要求、经济性要求、创造性要求和适应性要求等。

产品设计的三个要素包括功能、形态及物质技术条件。由此可见，产品形态设计在产品设计中占有举足轻重的地位。

产品形态是通过工业化手段实现的，具有功能属性的形态。在产品形态的定义中有两个关键词：一是“工业化”，二是“功能属性”。工业化是一种生产手段，与手工制造（即手工业化生产）相比，两者存在较大的差异。工业化生产是社会化行为，具有科技化属性；而手工业化生产是作坊化行为，具有技艺化属性，如表1-1所示。产品形态必须具备功能属性，这里的“功能”指功效和性能，主要说明形态存在的意义，即凸显和提升产品的功能特性。

表1-1　工业化与手工业化生产对比

生产手段	行为	属性
工业化生产	社会化	科技化
手工业化生产	作坊化	技艺化

1.1.1　产品形态的作用

产品形态是产品的功能与信息的载体，设计师运用设计原则与方法进行产品的形态设计，并在产品中注入自己对形态的理解，使用者通过形态选择产品，获得产品的使用价值。因此，产品形态是设计师、使用者和产品三者之间建立关系的一个媒介（图1-1）。

产品形态是产品设计师设计思想的具体体现，也是产品具有的实用功能和审美价值的具体体现。设计师的所有创意和设计观念最终都要物化到形态上，而产品设计的潜在功能和价值也只有通过形态才能被用户感知和意识到。例如，2014年iF设计奖的获奖作品（图1-2），其设计将打蛋器和蛋清分离器合二为一。设计师传达的设计理念及产品的使用功能可以通过产品形态非常直观地被用户理解，即使是零基础的用户也能直接上手使用。

1.1.2　产品形态的定义

在工业设计领域，随着产品设计理论研究的发展与实践，产品形态被细分为产品之“形”与产品之“态”。

产品之“形”指的是产品的形状和造型。它是由产品的边界线（即轮廓）围合成的形状，包括产品的外轮廓和内轮廓。

注意：产品的外轮廓主要指产品外部的边界线，内轮廓则指产品内部结构的边界线。产品之“形”是相对于空间而存在的，其视觉审美是空间形态和造型艺术的结合。

例如，图1-3的汽车，其外部轮廓由红色线条描绘。产品的外部轮廓线是视觉最先感知的部分，也是用户最先看到的部分。这部分不仅体现了产品形态，更重要的是，它能使观察者感受到物体的整体造型特征。例如，结合个人经验，观察者很容易就能判断出图1-3展示的是一款典型的三厢汽车。图片中除了有

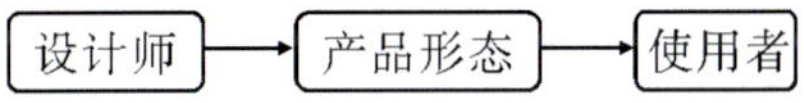

图1-1　产品形态的媒介作用

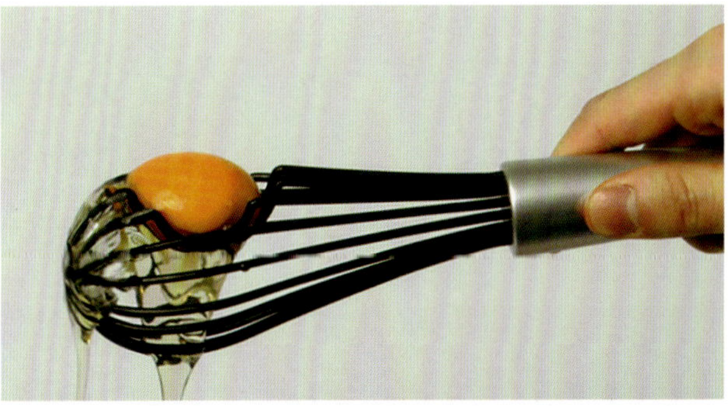
图1-2　2014年iF设计奖获奖作品

图1-3　形态之形

红色的线条外，还有蓝色和绿色的线条。这些线条中，一些是内部结构的边界线，一些是块面变化的分型线。在“汽车设计”课程中，这些线条被称为“腰线”“裙线”“翼子板线”等。在“产品基础形态设计”课程中，可以将这些线条暂时统称为“产品内轮廓”。产品内轮廓线条清晰地勾勒出这款三厢汽车的结构关系、块面变化以及造型特征。

产品之“态”是依附于产品的“形”而存在的，指的是产品的外观神态及其传达的精神内涵。同一“形”的产品可以展现出不同的“态”。产品之“态”包含两种意义。一是运用产品设计中的材质、色彩等元素，使产品的功能得到充分发挥。例如，器具的把手部位采用摩擦力较大的材质，开关使用带有红色标识的按钮。这种材质与色彩元素的运用，就是产品之“态”的表现。二是产品自身形体给人的客观感受及其体现的精神内涵。

例如，图1-4的摩托赛车，它给观察者传达的感受可以用品质感和速度感来概括。那么，这些感受是如何传达的呢？从品质感的角度来看，无论是醒目的logo、制动盘上细密的孔位，还是黑白色彩反差极大的车架，均能使观察者感受到其品质感；从速度感的角度来看，红色的凹面设计是为了让车手在高速过弯或特殊情况下能够放置手肘和膝盖，车身上这两个大的凹面设计能使观察者感受到赛车的速度感。因此，观察者从产品之“态”中感受到了此款摩托赛车传达的品质感及速度感。图1-5的概念汽车是一款采用后置后驱布局的车型。羽化般的背景、高速旋转的轮胎设计暗示了设计师想要表达的强烈速度感。车身侧面

图1-4　摩托赛车

图1-5　概念汽车

的分型线、块面变化表现出这款车的肌肉感及力量感。

通过以上案例，我们可以更加清晰地理解产品形态的定义：形指形状、造型，易于把握和表现；态指神态、精神内涵，不易把握，是以形为基础，结合一定的材质、色彩、结构等要素进行传达的。

注意：对于产品设计而言，产品功能决定形的设计和态元素的运用。形是态的表现载体，态是产品形体设计完成的结果。态的各种元素的运用影响形服务于人的效果。形与态在一定条件下可以互相转化，二者统一于产品形态设计之中，共同服务产品功能。

1.2 形态的分类

脱离分类标准是无法了解分类的，因此我们按照两类标准对形态进行划分（图1-6）。

1.2.1 现实形态、理念形态和纯粹形态

按照形态与人类知觉的紧密程度划分，可分为现实形态、理念形态和纯粹形态。图1-7是一辆汽车，是可以看到并可以感知的人造物，是一种现实形态。图1-8是点、线、面，是一些抽象的人造符号，是纯粹形态。由于理念形态是一种理念，无法被感知，不具有实在性，因此无法以图形的方式进行示意。

注意：需要区分以下三者的概念：现实形态指直接作用于人类视觉和触觉的实际存在的形态，它是现实世界中占用一定空间的实体；理念形态指在现实形态的基础上抽象提炼出来的形态，它只存在于人类的经验和思维中，不能被人感知，也不具有实在性；纯粹形态指为了使存在于大脑中无法感知的形态获得视觉的可感性，借助一定的符号系统将之表现出来的形态。

1.2.2 自然形态和人工形态

按照形态的来源划分，可分为自然形态和人工形态。自然形态是指在自然法则下形成的各种可视或可触摸的形态，它不随人的意志变化而变化，如高山、树木、瀑布、溪流、石头等。自然形态又可分为有机形态与无机形态。有机形态是指可以再生的、有生长机能的形态，它给人以舒畅、和谐、自然、古朴的感觉；无机形态是指相对静止、不具备生长机能的形态。

自然形成且非人的意志可以控制的形态称为“偶

图1-7 现实形态

- 形态
  - 按形态与人类知觉关系的紧密程度划分
    - 现实形态
    - 理念形态
    - 纯粹形态
  - 按形态的来源划分
    - 自然形态
      - 有机形态
      - 无机形态
    - 人工形态
      - 具象形态
      - 抽象形态

图1-6 形态的分类

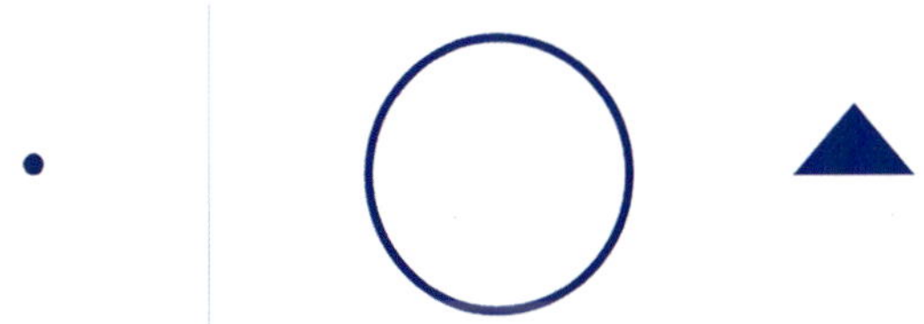

图1-8 纯粹形态

然形”。偶然形给人以特殊、抒情的感觉，但也有难以得到与轻率的缺点。非秩序性且故意寻求表现某种情感特征的形态称为“不规则形”。不规则形给人以活泼多样、轻快而富有变化的感觉，但处理不当可能会出现混乱无章、七零八落的效果。如图1-9所示，无论是石头、沙地、树叶，还是雪花，它们均存在于自然界中，属于自然形态。这些自然形态的基本形态不受人们的意志所控制，它们给人以舒畅、和谐、自然的感觉。

注意：在设计时需要考虑形态本身的特点和外在力的相互关系。

人工形态是指人类有意识地从事视觉要素之间的组合或构成活动所产生的形态。它是人类有意识、有目的的活动所创造的结果，如建筑物、汽车、轮船、桌椅、服装及雕塑等。其中，建筑物、汽车、轮船等是从功能层面来设计其形态的，而雕塑是一种将形态本身作为欣赏对象的纯艺术形态。

根据造型特征，人工形态可分为具象形态和抽象形态。具象形态是依照客观物象的本来面貌而构造，其形态与实际形态相近，能够反映物象的细节真实性和典型本质真实性。抽象形态不直接模仿实际形态，是根据原型的概念及意义创造的观念性符号，使人无法直接获取原始的形象及意义。抽象形态以纯粹的几何观念为基础，提升客观意义，如正方体、球体以及由此衍生的具有单纯特点的形体。

图1-10为轮船，是人工具象形态，具有一定的实用功能。图1-11的点、线、面是抽象人工形态。

1.3 产品形态的分类

1.3.1 空间范畴

从空间范畴来看，产品形态可分为平面形态和立体形态，即二维形态和三维形态。二维形态是指产品的“面”态，是产品形态的精髓。三维形态是指产品的“体”态，是产品形态的主体。图1-12为深圳火乐科技设计研发的第一款家庭影院系统——坚果G1智能家庭影院设备。图1-12最左侧是产品透视图，能够展现一定的三维形态特征；右边两张是平行视图，能够展现二维形态的特征。从第二张图上可以看到，产品顶盖是一个正圆，结合第三张图可以判断，整个正圆形的顶盖微微拱起，正是这个微微拱起的部分体现了

图1-9 自然形态

图1-10 具象人工形态

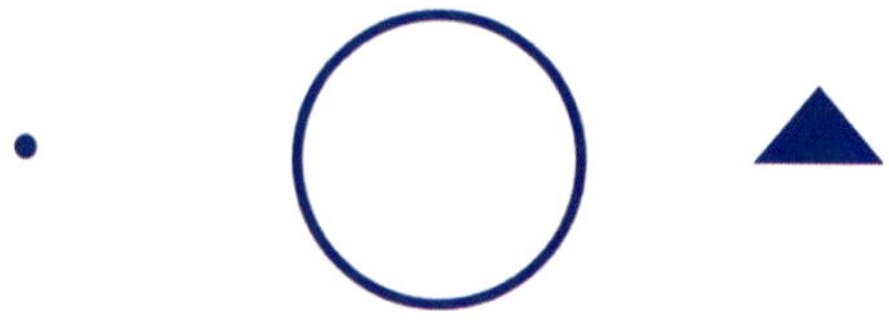

图1-11 抽象人工形态

设备由二维形态到三维形态的转换。在顶盖处，设计师选择了0.1 mm的拉丝圆形纹路，以体现工艺之美；并且为了让具有纹路后的顶盖给用户呈现平整的视觉效果，设计师经过多次验证，设计了1.45 mm的斜面倾角。换句话说，从侧面观察顶盖，顶盖呈现圆弧状，圆弧的顶端相较边缘要高出1.45 mm。

注意： 从设计流程上来说，许多公司及设计师倾向于首先确定二维方案，再以此为基础进行三维设计，并进行细节调整。由此可见，产品的二维形态是三维形态的基础，而三维形态也能够反过来验证二维形态的有效性。

1.3.2 功能范畴

从功能范畴来看，产品形态可分为使用功能形态、象征功能形态、认知功能形态、审美功能形态和物理功能形态五种。

使用功能形态指产品与人的使用行为直接发生作用的形态，如产品的按钮、把手等操作装置。

象征功能形态指产品与人的社会认知心理直接发生作用的形态，如象征速度和科技的“流线型”、象征富贵的“豪华型”等。

认知功能形态指产品性能、生产商、使用方式等信息的传达形态，如仪表板、标牌、示意图、商标，以及现在软件产品中的图标等。

审美功能形态指产品的美感形式形态，它包含秩序、均衡、韵律、节奏、统一、和谐等美学法则，如装饰形态等。

物理功能形态指由技术限定和优化的形态，如空气动力学限定的跑车基本形态、摩擦技术限定的形态等。

1.4 产品形态的特征

产品形态通常具有功能性、创造性、概念性及形象性四个特征。产品形态的设计过程是将最终的设计思想以产品实物形式进行体现，达到表达设计创意的目的。产品形态主要是指视觉形态，但也包括触觉、听觉等感官体验。产品形态应与内在质量相吻合，使生产者和使用者同时得到满足。

1.4.1 功能性

产品形态的第一个特征是功能性。产品形态的功能性包括物质功能和精神功能。设计者利用产品的特有形态来表现其不同的美学特征及价值取向，以此在精神层面上与用户建立共鸣。如图1-13所示，从产品色彩及图案搭配上不难发现，这是一系列具有中国传

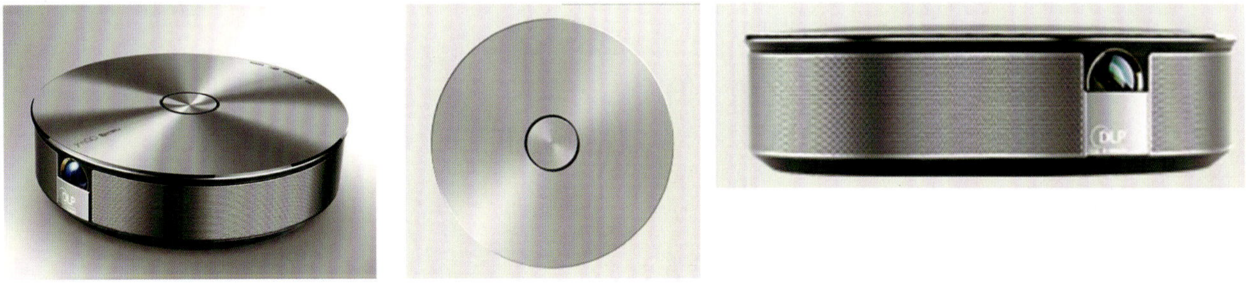

图1-12　产品：坚果G1智能家庭影院设备

图1-13　产品：具有中国传统特色的收纳盒或礼盒

统特色、具有喜庆元素的收纳盒或礼盒类的产品。

注意：物质功能是基础，精神功能是补充。

①物质功能包括产品的技术功能和使用功能。技术功能指产品形态本身所具备的结构性能、理化性能、工作效率、工作精度，以及可靠性和有效性。使用功能指人在使用产品的过程中，产品形态具有的使用合理、安全可靠、舒适方便等人性因素。图1-14是一款OXO Good Grips削皮器，设计师从人机工程学、美学及制造加工三个角度对椭圆手柄、鳍片、埋头孔、遮护板和型芯这些细节形态进行分析，以确定其技术功能和使用功能。

注意：椭圆手柄的设计考虑了多方面因素：从人机工程学角度来看，椭圆形是理想的抓握形状；从美学角度来看，椭圆手柄在推出后广受欢迎，其黑色设计不容易显现脏物和油污，与现代厨房设计相协调；从加工角度来看，椭圆形手柄易于注模成型。

鳍片的设计让食指和中指能够舒适地握住手柄。弧形的鳍片与椭圆形的手柄相得益彰，使整个手柄显得更为轻巧。在确保鳍片公差的同时，保持氯丁橡胶结构的整体性是具有一定挑战性的。薄而精细的鳍片不仅展现了卓越的品质，也体现了制造商对产品质量的不懈追求和精益求精的态度。

埋头孔的作用是便于悬挂。与普通等直径孔相比，埋头孔显得更精巧。此外，埋头孔的锥形坡面在灯光照射下可以产出有趣的光影效果。使用埋头孔有助于减少原材料的用量，从而降低成本。

在遮护板和型芯的设计方面，从人机工程学角度来看，遮护板在刀片外形成了一个保护结构，对操作者起到一定的保护作用，以避免误操作；遮护板的曲线设计与手柄形状相呼应；结构型芯的作用是增加了手柄强度，减少了金属材料的用量；遮护板仅用在刀片上，同时为刀片提供支撑作用。这些细节的设计显示了形态与技术的整合统一，体现了产品的物质功能。图1-15展示了OXO Good Grips削皮器的三视图。

②精神功能主要包括审美功能和象征功能。审美功能指产品的造型形象通过人的感官传递给人的一种心理感受。它能够影响人们的思想，陶冶人们的情操。如图1-16所示，Alessi公司推出的外星人榨汁机

图1-14 产品：OXO Good Grips削皮器

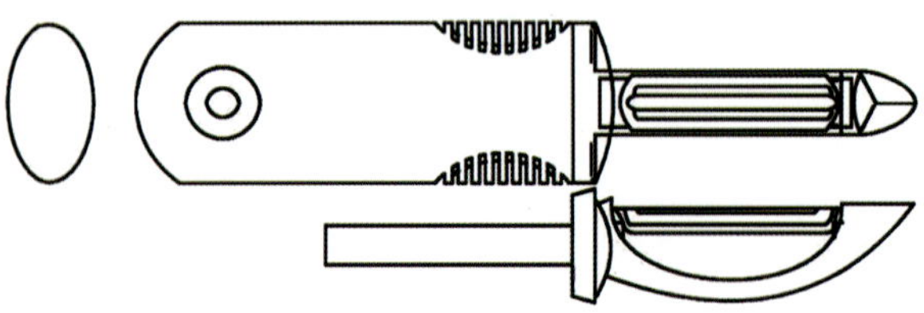

图1-15 产品：OXO Good Grips削皮器三视图

图1-16 产品：外星人榨汁机

不仅销量非常好，许多用户甚至将其作为家中的装饰摆件，这主要是因为其具有很高的审美价值。象征功能指产品造型形象代表的时代特征及具有显示一定意义的作用。例如，劳斯莱斯汽车常被视为成功人士的象征（图1-17）。

1.4.2 创造性

产品形态的第二个特征是创造性。创造性是产品形态存在的基础，指对产品形态过去经验和知识的分解组合，使之更好地、更加人性化地实现其功用。图1-18为李宁公司推出的“半坡”篮球鞋，设计师将半坡陶器与现代篮球鞋相结合，创造出这款独特的篮球鞋。

“半坡”篮球鞋的设计灵感来源于中国仰韶文化体系中最具代表性的陶器类型——半坡型。陶器的耐腐蚀性较强，即使埋藏于地下数千年，其上的刻绘图案和文字依然清晰可辨。鞋面采用精选的真皮材料，配色采用半坡陶器特有的黄和黑两种颜色。鞋跟部分应用刺绣技术，脚踝保护带部分应用激光技术，呈现光鲜的花纹。在细节处理上，踝部内衬区域绣有一条神秘的鱼图腾，力求呈现出“back to nature”的概念。同时，制作上还使用了翻毛皮、绒布、牛筋底、TPU等材质，进一步提升了鞋的品质。这款鞋的设计充分体现了形态的创造性特征。

1.4.3 概念性

产品形态的第三个特征是概念性。概念性是产品形态区别于其他形态的关键，强调以先进的功能性、人机性满足未来人们对产品的功能性和舒适性需求；利用科技手段满足未来人们对产品的智能化、交互性

图1-17 产品：劳斯莱斯汽车

图1-18 产品：李宁“半坡”篮球鞋

和信息传递等更高层次的需求；从产品的造型、色彩、材质、使用环境和文化性等方面，满足未来人们对产品的精神需求。如图1-19所示，这款螺丝刀设计改变了传统螺丝刀的单向使用理念，允许在不同的使用环境下调整为横向的使用方式，以增加力量。这款产品通过简单的人机设置满足了人们对产品的功能及舒适性的需求，其产品形态体现了一定的概念性。

1.4.4 形象性

产品形态的第四个特征是形象性。产品形态的形象指产品的综合外观，包括产品的外观形式、色彩、材料等，主要体现产品的内在性能、性格和理念。图1-20的儿童餐具设计使用了纯度较高的绿色，在造型上融入了青蛙的形象，体现了一定的趣味性，其形态能够真实地反映出产品的具体功能和目标人群。

1.5 产品形态设计的多维视角

1.5.1 产品设计的分类

根据黄良辅、段祥根在1996年所著《工业设计》① 一书中的描述，产品设计按设计性质划分，可以分为式样设计、形式设计和概念设计三类；按产品的种类划分，产品设计包括家具设计、服装设计、纺织品设计、日用品设计、家电设计、交通工具设计、文教用品设计、医疗器械设计、通信用品设计、工业设备设计、军事用品设计等。按产品种类划分其实是较好理解的，很多艺术类院校会根据产品的大类进行院、系以及设计方向的划分。不同种类的产品其设计的具体内容有着一定的区别，但就设计的流程、创意方法及形态设计而言有着类似的地方。

注意： 在熟练掌握某类产品的具体设计方法和流

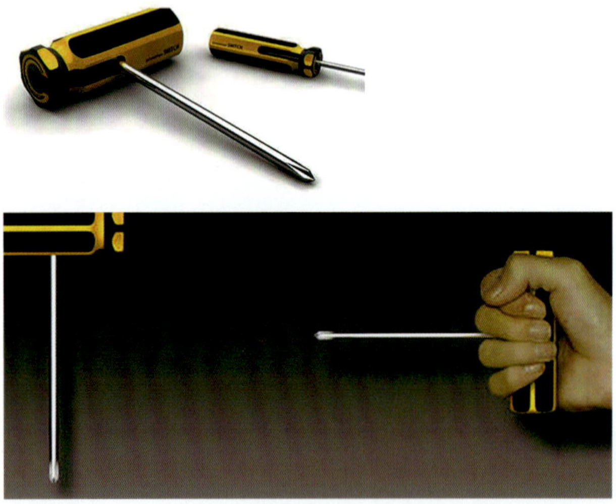

图1-19 产品：螺丝刀

图1-20 产品：IKEA儿童餐具

① 黄良辅，段祥根. 工业设计[M]. 北京：中国轻工业出版社，1996：8.

程的基础上，可以将这种设计方法和流程举一反三，应用于其他类似产品。

①式样设计：对现有的技术、材料和消费市场等进行研究，改进现有产品的设计。这个概念表明了式样设计的设计目标是针对现有产品，设计手法是改良设计，而这种改良是对技术、材料、形态等方面的改进。从某种意义上来说，形态设计是式样设计的一个方面。

②形式设计：内容不仅是形态的、造型的，还要更加关注用户的使用行为及生活方式。设计的产品立足于用户的使用，满足用户的潜在需求，强调的是用户的行为和使用方式。

注意：形式设计着重对人们的行为与生活中遇到的难题进行研究，旨在设计出超越现有水平的产品，满足数年后人们新的生活方式需求，强调对生活方式的创新设计。

③概念设计：不考察现有生活水平、技术和材料，纯粹在设计师预见能力能达到的范畴内思考人们与产品的未来，是一种从根本上开发未来概念的设计。概念设计一般有两种方式。一种是类似于概念车的设计，着重体现企业的理念，通过概念车去验证下一代产品是否符合市场的需求。这种概念设计有形态的设计，有功能的体现，也有企业文化的融入。另一种是各类设计大赛中的概念设计，这种概念设计预想人类未来的生活状态，通过设计师个人对未来的思考提出产品的形态。这种概念设计是概念形态的展现，这种概念形态需要与未来人们的生活方式相吻合。

1.5.2 产品设计的层次

随着人们对工业设计的深入探讨及工业设计内涵与外延的不断扩展，美国设计学者唐纳德·诺曼在《情感化设计》①一书中将设计划分成三个层次：基于用户本能水平的设计、基于用户行为水平的设计和基于用户反思水平的设计。书中认为产品是给用户使用的，用户对产品的接受程度在于其对产品的不同感觉。有的产品用户看到就喜欢，有的产品是用户使用以后才喜欢，这三个层次就是根据用户的不同感受来划分的。

我们从第一个基于用户本能水平的设计开始解读。本能水平的设计使用户以最快的速度对美丑、安全与否做出反应，这个反应是这类产品依靠外形的初始效果吸引用户和用户依靠本能认识周围事物的基础，如一般生活用品、化妆品和简单的电子类产品等。用户可以对产品的第一印象进行众多信息的判断，那这个第一印象是怎样产生的呢？主要是对产品的形态、色彩、比例关系等能够一眼看到的信息而产生的。

图1-21是一辆车身线条流畅、动感十足的汽车，轮子、底盘等部件的设计传达出强烈的跨界信息。白色的主体车身搭配少量的淡蓝色和土黄色，使人感觉

图1-21　产品：2007年标致全球汽车设计大赛获奖作品

① 诺曼. 情感化设计[M]. 付秋芳，程进三，译. 北京：电子工业出版社，2005：5.

非常舒适，同时暗示车辆的跨界使用环境。这是2007年标致全球汽车设计大赛的一等奖作品。

注意： 纯粹的形态设计毫无疑问属于基于用户本能水平的设计，设计人员不仅要掌握形态塑造的技巧和方法，还需要与用户可能的思考点进行匹配。

第二个设计层次是基于用户行为水平的设计。用户关心产品的品质和性能，因此，使用者的生理、心理需求决定着产品的成败。例如，自行车、鼠标、滑雪板等。用户对这类产品的接受程度是建立在使用的基础之上的，产品更加好用、更加易用，用户才会更加容易接受。

如图1-22所示，这种家庭用灯的电源开关是拉绳开关，拉一次是开，再拉一次是关。首先，这种开关最大的缺点是绳子易断。绳子经常被拉断，拉断后用户用布条连接起来。其次，这种开关无法展现使用电器的状态信息，用户无法通过开关判断产品是通电的状态还是未通电的状态，并且在黑暗的环境中很难找到开关的位置。

随着产品的不断升级，开关面板也经历了改进。最初的开关面板如图1-23所示，其按键设计较小，这相较于传统的拉绳开关是一个巨大的进步。设计开始关注用户对产品的实际使用行为，将设计融入用户使用产品的环境、行为和流程之中，产品也因此具备了实际状态的反馈信息。后续，设计者对开关进行了微改进，加入了自发光材料的红色点，使用户能够更直观地判断产品的位置和状态。然而，这种开关仍存在不便之处，如按键过小，用户在黑暗环境中难以进行盲操作。图1-24是目前较常见的开关面板。与图1-23中的开关面板相比，其按键面积加大，这一改进使用户操作更加方便。用户在进入一个空间时，只需知道开关的位置，便可以随意操作，不仅可以按，还可以用拳头敲击，甚至在手不方便时，用身体的其他部位也能实现操作，如肘部。这种方便的操作方式在图1-23的产品中是难以实现的。

从图1-22的拉绳开关到图1-24的开关面板，虽然其工作原理并没有发生很大变化，但对于用户来说，使用体验和便利性有了显著提升。这种设计正是基于用户行为水平的设计。

注意： 在日常生活和设计中，基于用户行为水平的设计非常普遍。我们可以通过观察来收集用户与产品的交互信息。

设计的第三个层次是基于用户反思水平的设计。这种设计是设计领域的最高级别，它不仅关注产品的功能性和美观性，更强调用户对产品的整体情感认同。反思水平的设计特征涵盖了娱乐、时尚、完善自我形象和品牌价值等情感联系要素。例如，Nike运动鞋、Philips音响和旅游纪念品等产品，都通过其独特的设计和品牌价值，与用户形成了情感共鸣。这个层次的设计主要包括基于品牌的设计、实现用户更高价值的产品设计、融入文化感的产品设计等。实现用户更高价值的产品包括那些能够完善用户自我形象、具有趣味性和时代感的产品。例如，许多用户对复古产品的喜爱，正是他们情感需求的体现。而融入文化感的产品（如旅游纪念品）不仅记录了用户的旅行记忆，也通过其地域文化特色，与用户建立了情感联系。

图1-22 拉绳开关

图1-23 开关面板（一）

图1-24 开关面板（二）

1.5.3 产品的层次

产品设计是分层次的，根据不同的产品、不同的市场定位而采用不同的设计策略。因为设计是分层次的，所以产品也是分层次的。简单来说，产品分为能用、好用、易用和爱用四个层次（图1-25）。

注意：对于用户而言，能用、好用、易用和爱用四个层次是层层递进的关系；对于设计师而言，不论使用何种设计策略、何种层次的设计，追求的都是更高层次的产品。

（1）能用

什么是能用的产品？就是能够完成产品的基本使用功能的产品，其重点是“用”，满足用户最为基本的功能性需求。

（2）好用

什么是好用的产品？不仅能够完成基本的使用功能，也是质量良好、操作方便的产品。产品与用户之间的交互反馈非常清晰，其重点是“好”。不仅关注产品本身，也关注产品的全生命周期；不仅考虑产品的使用状态，也会考虑产品的包装、运输、维修及售后等环节的设计。

（3）易用

什么是易用的产品？其重点是“易”。易用是相对于“好用”的产品而言追求更高层次的设计。随着计算机、微电子、生物等技术的高速发展，高技术产品也不断涌入我们的生活。但其中有很多本想为用户提供更多便利、技术先进、功能完备的新产品使使用者有些措手不及。面对一些操作复杂的新鲜事物，用户感到生理和心理的疲惫，有的人甚至选择放弃，“便利”成了“不便利”。对于设计师来说，很有必要重新审视设计对象的易用性概念。

“易用性”的英文表述为“usability”或“ease of use”，即易于使用。唐纳德·诺曼提出易用的两个条件：第一是要提出一个完整的理论模式，使用户可以预测行为的结果，不盲目操作；第二是提高可见性，即每一个操作对应一个变化，使用户得知操作是否有效。人机交互学博士尼尔森把易用性分为五个属性：

①易学性：用户能很容易掌握如何使用产品；

②高效性：产品使用有效，能很快实现预期目标；

③易记忆：隔一段时间（几天或几个月）后，再次使用，不需学习就能自如操作；

④少犯错：操作过程不易犯错，即使犯错也能及时发现并纠正；

⑤满意度：用户对产品表示满意并乐于使用它。

由此可见，所有对产品的易用性属性的描述最后可归结到人的生理接受性和心理接受性上。因此，对用户的关注和了解是实现产品易用性的保证，如图1-26所示。易用性是不容易实现的：因为制造商希望产品是少投入、多回报；商店的店主期望产品能吸引尽量多的顾客，以提高营业额；维修员关心产品是否使用标准件，易于替换，便于修理。对于产品的目标用户来说，则要求更复杂：在商场购买时，他们关注产品的价格、外观、品牌；在家里使用时，他们又将注意力转移到功能和质量上。

图1-25 产品层次划分

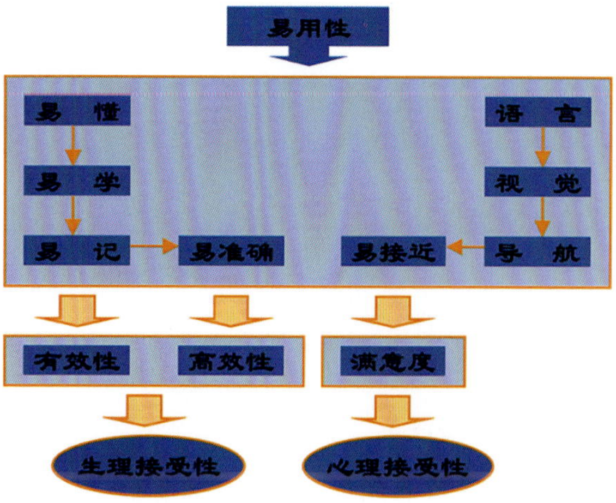

图1-26 产品易用性

易用性的核心在于“易”，但这一概念会因产品类型和用户群体的不同而有所变化。影响产品易用性的因素主要可以归纳为以下四个方面：

①用户经验。如果用户对某产品或类似产品有使用经历，他们通常更容易掌握该产品的使用方法。相反，对于初次接触该产品的用户来说，使用难度自然会增加。因此，有使用经历的用户更适合评价产品的易用性，因为他们能够从实际使用中感受到产品设计的合理性，并提出改进建议。

②专业背景。针对某些专业性强的设备，如飞机驾驶台，操作者需要具备相应的专业知识和技能。设计师应考虑这些专业操作者的使用经验，减少他们的记忆负担，顺应他们的行为习惯，从而提高操作效率。同样，医疗设备的设计也需要考虑操作者的专业背景。

③文化背景。不同文化背景下，用户对产品的设计要求也不同。例如，开关的使用习惯在美国和英国就存在差异。此外，颜色在不同文化中的含义也有所不同。在中国，黄色象征高贵，而在其他国家，黄色可能具有不同的象征意义。文化差异还可能影响产品设计的其他方面，如人体尺寸和地理环境。

④年龄和性别。儿童产品的设计需要考虑儿童的心理和生理特征。设计师可以通过色彩、形状和材质的运用，增加产品的亲和力，并通过圆润光滑的边角设计减少对孩子的伤害。对成年人而言，性别差异是一个重要的考虑因素。成年男性和女性在力量、身体尺寸以及对产品性能和外观的关注点上存在差异。男性可能更关注技术性能，而女性可能更关注产品的外观和使用便利性。

注意：易用性无论是从人、物的角度，还是环境的角度来讲，都关系到人们在特定的时间、地点中使用产品过程的便利性。这种过程便利具有丰富的含义，包括人们操作产品的过程及认知学习过程的便利度，甚至涉及产品生产过程的便利度。易用的产品应该是操作容易、避免犯错、解决方式容易、生产方式容易的。

（4）爱用

什么是爱用的产品？就是类似前面讲的具有情感联系的产品，产品与用户之间存在着情感共鸣。用户关注的重点不再单纯是产品的使用功能，更多是精神层面的内涵。

1.5.4 形态与功能

设计和产品的不同层次与形、态的交集如图1-27所示。

以手机为例，最早的手机能够满足用户基本的通话需求，但体积较大，虽然可移动，便携性并不好，这些设计都属于“能用”的设计。随着技术的发展，20世纪八九十年代的“大哥大”设计得越来越小，出现了像诺基亚这样的畅销品牌，产品质量足够好。在智能手机出现之前，键盘机衍生出很多种使用方式，如旋盖、翻盖、直板等。像诺基亚这种手机，质量好、待机时间长、通话质量稳定，是典型的“好用”的手机。2008年，智能手机开始普及，目前，智能手机基本取代了过去的键盘机。其中有一个很重要的原因是，智能手机更加“易用”。这种易用性，最初的形态是用户可以通过摇手机切换歌曲，可以通过手指的触控完成手机相关操作等。现在，这种易用性体现

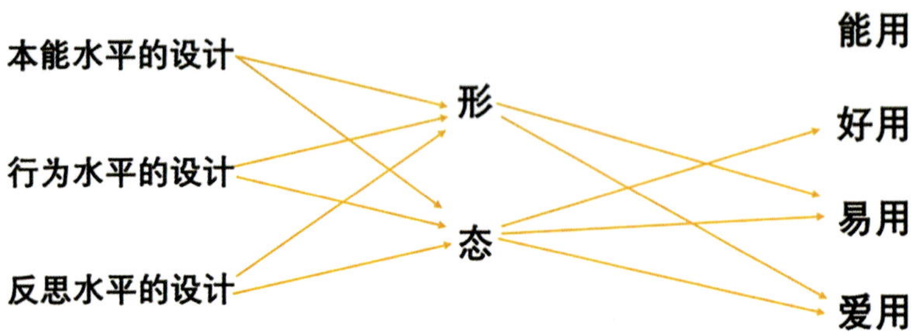

图1-27 设计和产品的不同层次与形、态的交集

在手机成了移动终端，产品不仅可以实现通话功能，还可以加载更多其他功能。当然，每个用户在手机使用上有着不同的喜好和倾向，有人喜欢拍照，就会选择偏重照相功能的手机；有人喜欢听音乐，就会选择偏重视听表现好的手机。

注意：无论是设计的三个层次——本能水平的设计、行为水平的设计、反思水平的设计，还是产品的能用、好用、易用和爱用层次，都与形态设计有一定的关联性。既然形态分为“形”和“态”，“形”和“态”就会作用于不同层次的设计中，产生不同层次的产品。“形”的设计和“态”的设计更多的是关注用户的精神层面，形态与功能的结合更容易设计出基于用户三个层次且好用、易用、爱用的产品。

关于产品形态和功能哪个更为重要的探讨从很早之前就已经开始了，如图1-28所示。回顾设计史上关于产品形态和功能的探讨，早在19世纪，美国建筑师沙利文就提出了“形式追随功能”的观点。这个观点是功能论者的标志性口号，成为现代主义设计理论的核心思想之一。沙利文认为，装饰是精神上的奢侈品，而不是必需品。他要完全避免装饰的使用，使人们高度集中于体态裸露、完美的建筑。对于沙利文来说，大自然通过结构和形态而不加装饰就能显示出自己的艺术美来。后来，这些观点由他的学生莱特进一步阐述，成为20世纪前半叶工业设计的主流——功能主义的主要依据。

20世纪初，阿道夫·路斯发表文章《装饰与罪恶》，文中提出“装饰即罪恶”的口号。他认为装饰是原始的、未经开化的人类或者是心智发育不完全的儿童的行为，是不发达人类阶段的表现，因此在先进的社会中不应被提倡。就20世纪初实际的社会境况来说，制造带装饰的产品价格反而低于造型简洁的工业产品，由此造成了装饰工人生活困窘的境况，劳动产品也过早贬值。同时，路斯认为过度的装饰造成资源的极大浪费，提倡装饰的“落伍者”延缓了民族和人类的文化进步，“装饰即罪恶”也成为现代主义最为有力的口号之一。

后来，密斯·凡·德·罗提出“少就是多”的理念。“少就是多”强调功能，提倡少装饰，关键在于功能的体现，用最少的形式表达更多的内容。密斯·凡·德·罗的设计理念中贯穿着包豪斯的三大基本观点：艺术与技术的新统一；设计的目的是人而不是产品；设计必须遵循自然与客观的法则。这三个观点都阐明了在产品设计中功能是主体，形态是功能的补充及辅助。以上三个观点都是现代主义的核心观点，强调产品的功能性，要求产品形态必须完全符合产品功能。

随着时代的发展，产品逐步同质化。为此，美国汽车工业提出了“有计划废止制度”，通过有计划地改变设计式样造成产品人为老化，促使消费者为了追逐不断更新的产品而放弃旧产品。这个制度的提出使美国通用汽车公司销售额大增，取得了巨大的成功。之后，它迅速渗透进与工业设计相关的各大行业，并逐渐影响至全世界，成为产品设计极为重要的一种设计理念。从此，美国成为世界上工业化程度最高的国家之一。富裕的社会、繁荣的经济，极大地刺激了商业设计的发展，现代设计开始变得职业化、专业化。

在商品社会的大背景下，设计的目的从“形式追随功能”开始向“形式追随销售”转变。随着社会

形式追随功能——沙利文（芝加哥学派）
装饰即罪恶——卢斯（维也纳）
少就是多——密斯·凡·德·罗（包豪斯）
……
} 功能胜于形态

有计划废止制度
流线型设计——功能到样式化设计的转变
后现代主义设计中认为功能没有确定性，只有可能性
} 形态胜于功能

图1-28　设计史上关于功能与形式的争论

新生产技术的出现，资本主义国家面临的不是物资的匮乏，而是产品的过剩。由于供求关系的改变，人们面临的问题从如何生产变成了如何去销售，企业需要通过各种办法把积压的产品推销出去。由于供求关系的失衡而爆发了资本主义国家最严重的一次经济危机。因此，部分经济学家提出要推广“有计划废止制度”来解决经济危机，以强制废弃的手段刺激消费，恢复经济。该制度有效地解决了生产过剩，刺激了经济的持续增长。“有计划废止制度”的本质是一种设计策略，以设计、技术手段推动市场消费。在功能同质化的背景下，它成为形态重要性被突显的典型代表。

流线型设计本是空气动力学中的一个术语，用来描述表面圆滑、线条流畅的物体形态。因为这种线型能够减少物体在高速运动时的阻力，所以被运用到交通工具的设计上。20世纪30年代，塑料和模压成型工艺已经得到广泛应用，加上较大的曲率半径便于脱模和成型，为这一工艺的形成提供了生产条件。流线型设计的发展也与消费市场密切相关。20世纪30年代初期，美国经济出现了大萧条。因为流线型设计的形式给人以速度感和活力感，所以其成为一种象征速度和现代精神的造型语言，受到美国设计师和消费者的青睐。流线型风格的魅力在于它给经济危机下的人们带来了希望和解脱，成为走向未来的标志。这时，流线型的情感价值超过了实用功能。

20世纪50年代，美国在现代主义风格衰落的情况下，逐渐形成后现代主义的文化思潮。受60年代兴起的大众艺术的影响，后现代主义风格是对现代主义风格中纯理性主义倾向的批判。后现代主义设计强调形态的隐喻，注重设计的人文内涵，主张新旧融合、兼容并蓄的折中主义立场。这些观点在某种程度上厌恶了纯理性的现代主义和功能主义，开始反思形态在设计中的重要性。

图1-16是著名设计师菲利浦·斯塔克与Alessi公司合作出品的榨汁机，这台榨汁机三足鼎立、顶部有螺旋槽。切开橙子，半个橙子压在顶部用手拧，理想状态下，橙汁就顺着顶部螺旋槽流到下面的玻璃杯里了。这个设计的概念有点像中国古代的爵、鼎。据说在1990—2001年，Alessi公司卖掉了55万台外星人榨汁机，该榨汁机至今仍是设计专卖店中的经典之作。这是一个审美功能远大于实用功能的设计。一是使用过此产品的用户反馈，手动榨汁时，柠檬汁会顺着手腕往袖口里流，也会顺着榨汁机长腿往桌上流，有时还会喷溅到脸上，可就是不容易往接在下面的杯子里流；二是榨汁机三只细长的腿形成一个三脚支架，虽然稳定，但是在使用它榨汁时，尖尖的脚在压力的作用下会对支撑台面造成一定的损伤。斯塔克本人在哈佛设计学院的一次演讲中提到，有时候你必须选择设计的目的，这玩意儿可不是为了榨柠檬汁。斯塔克设想了一个场景，在某个夜晚，一对新婚夫妇邀请新郎的父母来家里做客。父子俩去看电视了，新娘和婆婆头一回单独在厨房，气氛有些沉闷，这台榨汁机就是为了起个话头而设计的。可见，这是一款“话题感”十足的产品，其独特、极富表现力的造型旨在促进人与人之间的沟通，体现了情感化设计的视角。这是一款典型的形态比功能重要的产品。

在现代设计中，产品的功能和形态构成了一对矛盾体，功能是矛盾的主要方面，功能决定形态。产品美的形态来自好的功能设定，服从并服务于功能。形态和功能相互统一，相互影响。功能在很大程度上决定着产品的形态，同时良好的形态能够彰显和体现产品的功能。

【思政点】

优秀的设计师都是在为民设计。从能用、好用、易用、爱用这几个设计层次来讲，设计的出发点体现在强烈的社会责任感、服务大众的宗旨、推动社会进步以及文化传承与创新的精神上。

优秀的设计师具有强烈的社会责任感。他们明白，设计不仅是为了美观或创新，更是为了解决人们的实际问题，提高生活质量。设计是以人为本的，优秀的设计师始终将人的需求放在首位，他们关注人们的日常生活，了解他们的使用习惯和审美偏好。通过设计，他们努力使产品更加人性化，让用户在使用产品时感到便捷和舒适。这种社会责任感促使他们深入了解用户的需求，设计出真正符合民众利益的产品。

设计的最终目的是服务大众。优秀的设计师深知这一点，他们的设计作品旨在满足广大民众的需求，而不只是追求奢华或奇特。这样的设计理念体现了设计师对民众的关怀和服务意识。

设计师通过创新的设计，可以推动社会的进步。例如，环保设计有助于提升人们的环保意识，无障碍设计则能让残障人士更好地融入社会。这些设计不仅解决了民众的实际问题，还在一定程度上推动了社会的和谐发展。

设计师在设计过程中，往往会融入各种文化元素，从而传承和弘扬民族文化。同时，他们不断创新，将传统文化与现代科技相结合，打造出具有时代特色的新产品。这种文化传承与创新的精神，体现了设计师对民族文化的尊重和对社会发展的贡献。

1.6 产品基础形态设计与人工智能

人工智能（artificial intelligence，AI）作为数字化技术的重要内容，带来的生产力变革影响着多个行业。其在技术、商业和日常生活中的应用范围不断扩大。生成式人工智能（artificial intelligence generated content，AIGC）是一种利用AI生成内容的新型内容生产方式。基于大模型的AIGC应用不断涌现，对设计行业产生了深远影响，涵盖了艺术作品、产品设计、建筑设计、平面设计、摄影等设计生产工作的创作阶段。目前，设计学界对人工智能的讨论，更多还是立足工具层面的基于AIGC技术的各种程序化设计和创意平台（programmatic creative platform），如ChatGPT、Midjourney、文心一言等。

AIGC介入设计领域，带来的不仅是设计创意工具的转化，还引发了设计美学层面上的变革。AI绘画工具能够根据文字提示生成华丽的效果，自动创建出具有绘画性和美观性的图像。通过“以文成图”和“喂图成图”的应用形式，设计人员可以将初步想法或想象快速转化为图像，并凭借极高的技术水准和创作能力增加图像的真实感，如图1-29所示。

每位设计人员都需要正确看待AIGC与产品设计的关系。不应因AIGC的出现而厌倦设计技法，更不能丧失对专业的信心。相反，AIGC的广泛应用让设计人员更专注于设计创意，同时起到简化设计流程和辅助设计工作的作用。

注意：AI绘画进入创意和创作领域，对设计师的

图1-29 AI绘画作品

创作过程带来了深远的影响。设计师应认识到AI绘画技术对内容生产力提升的优势，并利用该技术，辅助其设计思想和设计观念的表达。

1.6.1 简化设计流程

设计师通过有意义的方式将想法传达给用户并建立联系，而AI绘画工具成为创意表达的一种工具和途径。在创新设计的“0-1”过程中，设计师可以使用AI绘画工具确定初始方案。设计师通过输入关键词、描述或草图，AI工具能够自动推荐合适的风格、色彩、元素等，迅速生成符合要求的图像或设计稿。

AI绘画工具通过学习大量的艺术作品和图像素材，能够融合多种风格和元素，生成新颖而有趣的设计方案。这意味着设计师可以在较短的时间内尝试更多的设计概念。这种可选择的创意表现形式对于设计师来说是丰富的、宝贵的资源，使设计师专注于创意本身。例如，在设计一款汽车时，在没有任何定义的情况下，AI绘画工具会生成一些具有想象力的图像，为设计师提供方向感。在不添加定义词的情况下，它将生成绘画风格的图像；而在汽车的关键词后面增加“草图”“透明机械”“玻璃材质”“概念设计”“未来感”等关键词，它将生成具有产品手绘效果的汽车设计手绘图，如图1-30所示。

在设计过程中，AI绘画工具能够通过实时反馈和迭代优化，快速生成多个设计变体，供设计师比较和选择。这可帮助设计师快速调整和完善设计方案，有助于在早期阶段发现潜在问题，从而在后续阶段进行更精细的调整，减少设计迭代的次数和时间。智能匹配机制使设计师能够更快地找到满意的设计方案，避免了传统设计中反复试错的过程，从而提升设计效率。

AI在简化设计流程方面发挥着重要作用，通过自动化处理、智能化分析、优化设计流程及增强设计创新性和个性化等手段，提高了设计效率和质量，降低了人力成本和时间消耗。在实际应用中，许多设计师已经利用AI绘画工具来简化设计流程。例如，在游戏开发领域，AI绘画工具可以快速生成游戏角色、场景和道具等图像元素，减少了手工绘画的工作量，提高了游戏开发的效率；在广告设计领域，AI绘画工具可以根据品牌风格和市场需求自动生成广告海报、标志设计等素材，为广告提供了更多创意；在室内设计领域，AI算法可以根据用户需求快速生成多种设计方

图1-30 汽车创意草图

案，用户只需要简单操作即可选择满意的设计；在服装设计等领域，AI也被广泛应用于颜色搭配、图案生成、布局优化等方面，大大提高了设计效率和效果。

1.6.2 辅助设计工作

AIGC整合了大量训练数据和模型，通过AI自动化处理数据，涵盖数据收集、清洗、分析等环节。它将艺术、科学、工程和技术等领域的知识整合起来，为设计工作提供强有力的支持。在设计前的调研阶段，AI能够将复杂的数据转化为直观、易懂的图表和报告。这可帮助设计师更好地理解数据背后有价值的故事和分析设计信息，从而为设计决策提供坚实的数据支持。

同时，AI具有强大的预测分析能力。基于历史数据，AI能够分析并获得更加精准的用户洞察和市场需求信息。这为设计师提供了灵感和建议，并评估和优化设计方案。AI的这种预测分析能力可以帮助设计师在设计过程中做出更合理的决策，确保设计的作品既符合用户需求又具有创新性。这种前瞻性的视角和战略性的指导，有助于设计师在激烈的市场竞争中保持领先地位。

此外，AI绘画工具还可以改善设计师和客户之间的沟通方式。通过快速生成的可视化效果图，设计师可以与客户进行实时沟通，让用户更直观地了解设计师的想法。结合AR（增强现实）、VR（虚拟现实）等技术，AI工具改变了3D建模的方式。工业设计师可以在虚拟空间中进行3D设计，更好地预览和优化3D模型。AI工具还能够提升VR和AR应用的自然语言处理能力。工业设计师和客户可以通过实时交互调整3D模型，这极大地丰富了设计呈现的形式，使设计过程更加直观。

【章后习题】

一、多项选择题

1.按形态的来源分类，形态可分为（　　）。

A.现实形态

B.自然形态

C.平面形态

D.人工形态

E.纯粹形态

F.立体形态

G.理念形态

H.物理功能形态

2.产品形态主要是指视觉形态，也包括触觉、听觉等感官体验。产品形态应与内在质量相吻合，使生产者和使用者同时得到满足，其主要特征表现为（　　）。

A.功能性

B.创造性

C.美观性

D.概念性

E.形象性

F.易识别性

G.好用性

3.包豪斯关于产品功能与形态的三个基本观点分别是（　　）。

A.艺术与技术的新统一

B.形式追随功能

C.设计的目的是人而不是产品

D.设计必须遵循自然与客观的法则

E.装饰即罪恶

4.唐纳德·诺曼在《情感化设计》一书中根据用户的不同感觉对设计进行了三个层次的划分，是哪三个层次？（　　）

A.基于信息框架的设计

B.基于用户本能水平的设计

C.基于用户反思水平的设计

D.基于用户行为水平的设计

E.基于方案的设计

二、判断题

抽象形态是在现实形态的基础上抽象提炼出来的形态，它只存在于人类的经验和思维中，不能被人感知，也不具有实在性。（　　）

三、讨论题

1.结合工业设计史讨论在产品设计中究竟是形态重要还是功能重要?

2.为什么说优秀的设计师都是为民设计的?

四、练习题

1.选取下列任一产品，分析产品的形与态，并根据概念描述形与态在产品中的区别。

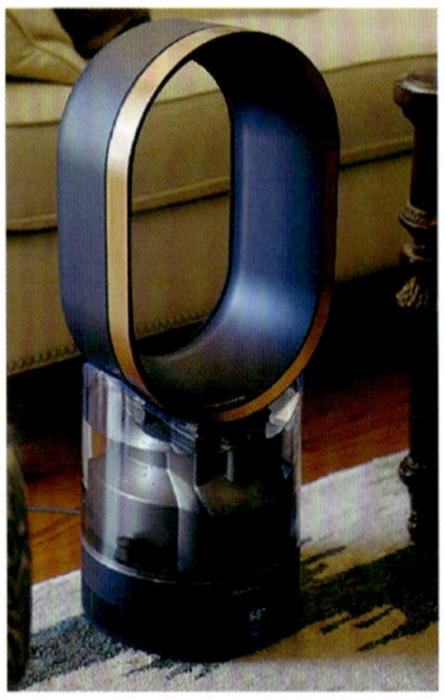

2.以“形”表达“态”：绘制记忆中能够表达“速度、力量、圆润、科技、未来、可爱、神秘、紧张、梦幻、规整”视觉效果的图形和产品各两张。

参考答案及解析

产品基础形态设计
Basic Form Design of Product

2

形态与形态各要素之间的关系

【知识结构图】

形态与形态各要素之间的关系

- 2.1 形态与结构 重点
  - 2.1.1 产品的结构
  - 2.1.2 结构强度
  - 2.1.3 结构中材料的基本连接方式
  - 2.1.4 结构与产品形态创新的关系
- 2.2 形态与材料、工艺
  - 2.2.1 材料的分类
  - 2.2.2 材料的工艺特性
  - 2.2.3 质感设计
  - 2.2.4 材质设计在产品设计中的美学作用
  - 2.2.5 材料感觉特性的应用 难点
- 2.3 形态与色彩
  - 2.3.1 色彩体现产品的功能
  - 2.3.2 形态的色彩设计
- 2.4 AI辅助设计师优化产品形态表达
  - 2.4.1 形——转化抽象思维
  - 2.4.2 态——CMF的快速呈现
  - 2.4.3 态——专注提升专业素养 思政点

【学习要点】

产品形态的学习与设计是一个综合性过程，关键在于理解形态与结构、材料、工艺、色彩之间的紧密联系。

①结构：学习者需要掌握各种结构类型，理解不同结构对产品稳定性和强度的影响，以及如何通过结构设计来满足产品的功能性需求。

②材料：熟悉不同材料的物理和化学特性，了解它们对产品形态、质感和耐久性的影响。选择合适的材质对实现设计意图和满足产品性能要求至关重要。

③工艺：了解各种制造工艺如何影响产品形态的细节和最终质量。工艺不仅决定了产品如何被制造，也影响着产品的外观和功能。

④色彩：学习色彩理论，理解色彩对心理感受的影响，以及熟悉如何在产品设计中运用色彩来增强视觉吸引力和情感表达。

本章教学视频

2.1 形态与结构

从设计的角度看，形态的体现离不开一定的物质形式。以一辆自行车（图2-1）为例，当人们看到两个车轮时，就能感到它是一种可以运动的产品：脚踏板和链条表现了产品的基本传动方式和功能；车架的材料、连接形式等不仅反映出产品的基本构造，也强调了产品的外形势态。因此，在设计领域中，产品形态总是与它的结构、材料、色彩等要素分不开的。用户在评判产品形态时，也总是与这些基本要素联系起来，如用户经常会说“这个手机触感很好”“这套家具配色很漂亮”等。因而可以说，产品形态是结构、材料、色彩等要素构成的特有势态给人的一种整体视觉形式。

了解形态与结构之间的关系至关重要。结构普遍存在于大自然的物体之中。为了保持自己的形态，生物需要依赖具有一定强度、刚度和稳定性的结构。例如，一片树叶、一张蜘蛛网、一只蛋壳、一个蜂窝。虽然它们看起来非常弱小，但有时能承受巨大的压力，甚至抵御强大的风暴。这些例子展示了科学合理的结构在物体身上发挥的关键作用。图2-2展示了几种常见的结构，包括蛛网结构、蜂巢结构和斜拉桥结构。这些结构不仅在自然界中表现出卓越的力学性能，也在产品设计中得到了广泛的应用。它们的设计原理和力学特性为设计师在设计产品形态时提供了丰富的灵感和参考。

2.1.1 产品的结构

产品结构主要指具有三维空间并为功能服务的产品各构件的内部组合方式。结构是构成产品形态的一个重要部分，即使是最简单的产品，也有一定的结构形式。

一盏供工作或学习用的台灯就包含了很复杂的构造内容。在设计时，设计师要考虑台灯如何平稳地放在桌上，灯座与灯架如何进行连接，灯罩怎样固定，是否可以更换灯泡，如何连接电源、开关等。人们将这些灯的部件进行连接、组合，就构成了灯最基本的结构形式。

注意： 在产品形态设计中，产品的结构与其功能是紧密相关的，产品功能必定要借助于某种结构形式才能得到实现。由此可见，不同的产品功能或产品功能的延伸必然产生不同的结构形式。结构的变化也会对形态产生影响。

比如手机，虽然目前手机的结构差别不大，但在十几年前，手机的形态、结构却有很大的差异。当时市面上有各种结构的手机，如直板手机、翻盖手机、滑盖手机、旋盖手机、侧滑盖手机等。因手机的结构不同，其呈现的形态也有很大差异（图2-3）。

很多产品通过复杂的内部结构构筑形态，实现其功能目标，各种结构也担负着不同的功能。通过不同功能的配合，形成完整的功能链，即产品实现的最终

图2-1　产品：自行车

图2-2　蛛网结构、蜂巢结构、斜拉桥结构

功能。例如，汽车车身有着复杂的结构，每个结构担负着不同的功能，把这些具备不同功能的结构组合起来，最终呈现一辆合格的、安全的汽车（图2-4）。

研究形态、结构与功能之间的相互关系是十分重要的。设计师应对自然环境进行认真深入的观察，发现、分析和研究普遍存在于自然界中的优秀结构，在设计中努力探索新的结构形式的可能性。图2-5是一张结构可变的沙发床，其结构的变化可以实现从沙发到上下铺的变换，适用于现代年轻人的家庭。

2.1.2 结构强度

所谓结构，是用来支撑物体或承受物体重量的一种构成形式。一种合理的结构必定是充分利用材料的特性，在一定的条件下使其发挥最大的强度。例如，一张平面的纸抗击外力的强度很弱，但通过变换结构形式就能承受一定的重量。如图2-6所示，左侧展示了一张平面纸张通过折叠来提高其强度，并能承受一定重量的情况；右侧是在折叠后形成的两侧空洞处用纸板进行封闭，从而赋予纸张更强的强度，使其能承受更大的重量。

图2-7为再生纸做成的鸡蛋包装盒。再生纸是利用回收的废纸做成纸浆后加工而成的纸张，其内部结构松散，表面粗糙，纸张强度较弱。但通过机械压模做成薄壳形结构的鸡蛋包装盒后，强度得到了很大的

图2-3 直板手机、翻盖手机、滑盖手机、旋盖手机、侧滑盖手机

图2-4 车辆结构

图2-5 产品：沙发床

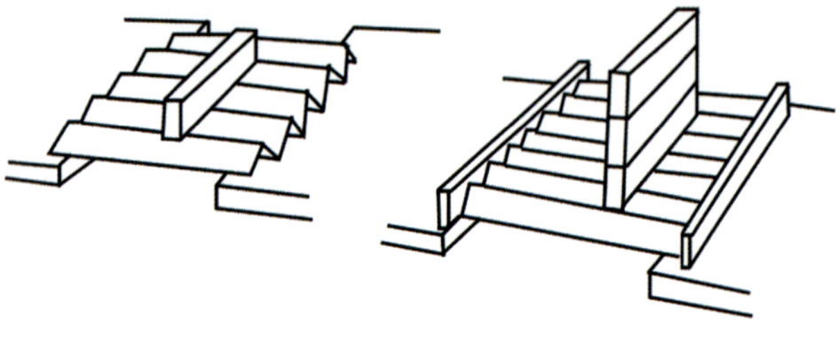

图2-6 通过改变结构提高纸板承重强度

提高，起到了安全保护鸡蛋的作用。用纸板做家具，听起来不可思议，但只要结构设计合理，纸板同样能承受很大的重量（图2-8）。建筑结构在建筑设计中是至关重要的，为了保证建筑的稳定和安全，建筑师必须设计出既符合建筑特点，又科学合理的结构形式。图2-9为传统木结构房屋的屋面和隔板结构，框架结构形式极大地增强了表面的荷载能力。

总而言之，除材料自身的因素以外，结构强度与结构的构成形式有着密切的内在关系。

（1）结构强度与材料形态

如图2-10（a）所示，两种材料相同、截面面积相同而形态不同的材料，其截面为方形的强度要比截面为圆形的强度高。根据力学实验测定，力对材料的影响主要作用于材料相对的两端。

如图2-10（b）所示，材料的中间部分（称中心轴部分）相对受力的影响较小。将同样面积的方形和圆形材料相比较时，圆形中心轴部分的材料要多于方形。因此，在圆形中，没有充分发挥作用的材料比方形中要多，这意味着方形材料的强度要大于圆形材料。这是因为在受力时，中心轴部分的材料较少，使更多的材料参与承载，从而提高了材料的强度。基于上述原理，即在截面面积相等的情况下，中心轴材料越少，材料的强度越高。因此，钢的结构被设计成工字的形式，以增加其强度。工字钢通过其独特的截面设计，使材料在承受载荷时能更有效地发挥作用，从而提高整体结构的承载能力。

然而，在实践中人们发现，当跨度超过50 m时，工字钢的自重就可能导致其断裂。这是因为随着跨度的增加，工字钢的自重对结构的影响变得更加显著。为了解决这一问题，在工字钢型材的基础上，发展出了各种桁架结构形式。桁架结构改变了材料形态和结构，优化了材料的承载效率，使材料发挥出最大的强度，如图2-10（c）所示。

图2-7 鸡蛋包装盒

图2-8 纸板家具

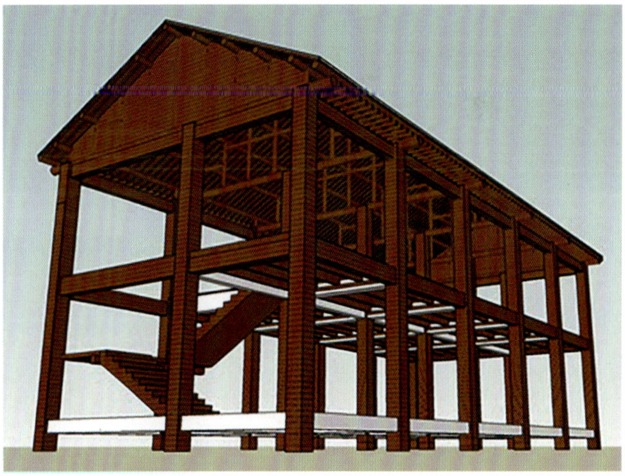

图2-9 木屋结构

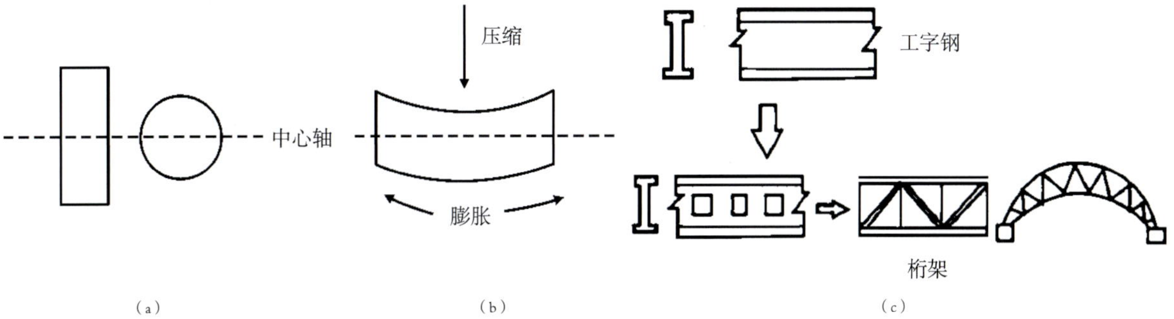

图2-10 结构强度与材料形态的关系

（2）结构强度与结构稳定性

结构强度与结构的稳定性有着直接的关系。例如，用木条做成一个四方形的木框，这样的结构形式稳定性较差，木框遇外力作用很容易变形。如果在木框的对角线上再安装一根木条（使其成为两个三角形），木框的稳定性就得到了加强。可见，三角形结构是最稳定的结构形式。在现实生活中，我们可以发现很多产品或物品采用了这一结构原理，如自行车车架、汽车车架、建筑桁架等（图2-11）。

（3）结构强度与受力方向

结构强度与受力的方向有着密切的关系。同样是某种结构，如果改变了力对它的作用方向，其结构强度与稳定性也将受到影响。例如，当人坐在一把椅子上，力对椅子的作用是垂直方向的，椅子很稳定，并能支撑人的重量。如果力的方向改变，假设从椅子的侧面向椅子施加压力，椅子就可能移动或翻倒。如图2-12（a）所示，力从顶部向下压，底部的线条拉紧，结构稳定。如图2-12（b）所示，力从两侧向中间压，底部的线条变得松弛，结构不稳定；在产品设计中，不少折叠结构的形式就是从这一基本原理发展而来的。如图2-13所示，这些不同形态的折叠椅，尽管它们的形态各异，但它们的折叠原理都是从上述活动结构的原理发展而来的。

2.1.3 结构中材料的基本连接方式

在现实生活中，绝大部分形态结构要依靠材料之间的连接来完成，材料的连接方式直接影响形态的结构和外形的变化。因此，探索和研究材料之间的连接方式与形态的结构设计和创新有着非常直接的关系。

在形态结构中，材料的连接方式数不胜数，相同材料和不同材料都有着不同的连接方式。但观察其规律，这些连接方式大致可归纳为滑接、榫接（铰接）和刚接三个基本类型。

①滑接：主要通过物体自重和加强物体表面的摩擦而达到物体之间的相互连接。例如，砖石的堆砌，其稳定性较差，受到外力作用时，材料易脱离。

②榫接：建筑、家具设计中常用的一种材料连接方式，如传统的桌椅、门窗等就是采用的这种连接方式。其主要是靠材料的特殊结构形成形体之间的相互契合，从而构成其连接形式。采用榫接形式的结构稳定性好，连接形式变化多，如图2-14所示。铰接是部件与部件之间可以绕着节点改变方向，但不能移动的连接方式。它是一种比较复杂的连接方式，并具有一定的活动性。例如，门可以绕着门轴和合页转动，由于铰节点承受荷载力较大，因而对其强度要求比较高，否则合页容易断裂。如果将铰节点增加一定的活动范围，使其能沿一定轨道移动，这样就会使部件的

图2-11　稳定的三角形结构在生活中的应用

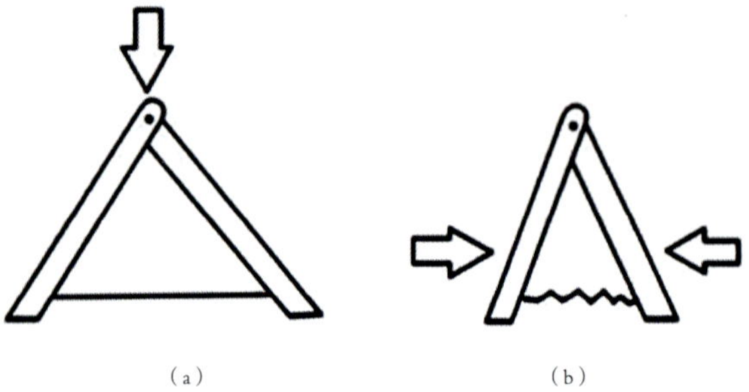

图2-12　受力方向对结构稳定性的影响

图2-13　产品：折叠椅

活动性得到进一步的提高，如折叠门的设计。对于大型机械的铰节点，不仅要求其结构牢固、强度高，而且要借助液压装置来减轻部件对铰节点的压力和拉伸力，如自卸车翻斗的运作。

③刚接：主要利用材料的连接点，采用化学或物理的加工方法使其连接并产生较强的刚接点，如金属、塑料等材料的焊接、黏结等。

注意：尽管材料的连接方式离不开这几个基本的类型，但在现实的设计和制造过程中，材料的连接方式是千变万化的。例如，榫接是我国传统家具中采用的最基本连接方式，但榫接的形式就达几百种之多。因此，有不少更新、更合理的连接方式还有待进一步开发和利用。在工业设计中采用何种类型的连接方式，主要视材料的性能、加工方法、产品功能及形态要求而定。在科技日新月异发展的今天，新材料、新工艺的不断涌现及产品新功能的持续开发，势必要求设计者在学习传统知识的基础上去探索和创造更新的材料的连接方式。

2.1.4 结构与产品形态创新的关系

通常，物体形态的存在必须依赖于物体自身的结构。随着人们对事物认识程度的不断深化，自然界中一些优秀的结构形式不断被人们利用。科学技术的飞速发展和新材料的不断涌现，也使一些物体的结构形式趋向科学性、合理性。而对一些更加科学、合理新结构的运用又促使事物形态产生新变化。在当今城市建设中，千姿百态的建筑形式就是一个很好的说明。新材料、新结构的运用，使我国传统的“火柴盒”“鸽子笼”式的房屋建筑形式成为历史，这也体现了人们现代观念的变化。结构的发展对建筑形态创新起着非常重要的作用，在过去被认为是不能实现的大跨度、大空间的结构形式在今天的城市建设中比比皆是。

对于工业产品而言，其实用功能的发挥也必须借助于产品本身的结构形式。其结构的科学性与合理性同样体现出当代的科技水平及现代人对新的生活方式的追求。如图2-15所示，日本设计团队Kai Corporation设计了一款名为“PAPER RAZOR”的一次性剃须刀，该设计以坚韧的纸质材料替代了塑料。这款剃须刀采用扁平式设计，可完全展开，厚度仅3 mm，重量仅4 g。通过在侧面和顶部的简单折叠，用户可以在几秒钟内轻松组装出一把坚固且符合人体工学原理的剃须刀。其折纸风格的设计不仅赋予了产品与塑料剃须刀相似的强度和操作性，还极大减少了塑料使用量。它所形成的产品形态特点必然和产品结构有着不可分割的内在联系。

在产品的形态设计中，结构的创新是至关重要的。因为在产品形态表现出的美感要素中，产品结构形式的新颖与独特占有十分重要的位置。我们在现实生活中时常会发现，一个具有新颖结构的产品往往能以崭新的面貌出现在消费者面前，给人以强烈的视觉冲击力，激起人们购买或使用的欲望。设计师通过创

图2-14　榫卯结构

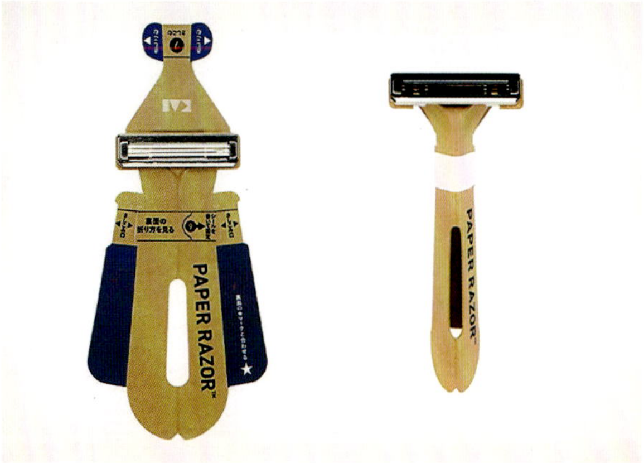

图2-15　产品：一次性剃须刀

新产品的结构，不仅能改善产品的使用功能，提高工作效率，也创造了一种新颖美观的视觉效果。世界上不少著名的企业正是利用了产品结构的创新设计而打开了产品的销路，赢得了市场。

说到产品结构，许多人会认为结构是产品的内在构造；其实，结构的内容是包罗万象的，其复杂程度也大不一样。例如，自然界中的一个山洞、一个蛋壳是一种结构，一个蜂窝、一个鸟巢也是一种结构。

注意：在产品设计中也同样如此，如设计一支圆珠笔，如何放置笔芯、更换笔芯，如何使手舒服地握住笔身，这些都是结构上的问题。除内部结构以外，有时产品的外形本身就是一种结构设计。

图2-16是一款折叠餐桌设计，其特点是结构奇特且形态富有雕塑感。在这款桌子的结构设计中，设计师打破了传统的材料连接方式，而采用了磁性连接方式。具体做法是在玻璃台面背面的蚀刻圈和桌腿的连接面上粘上磁铁片。这种磁性连接方式极大地方便了桌面的安放和拆卸，便于桌子的折叠。折叠后的桌子能悬挂在墙上，这样既节省了存放空间，又起到了装饰墙面的作用。

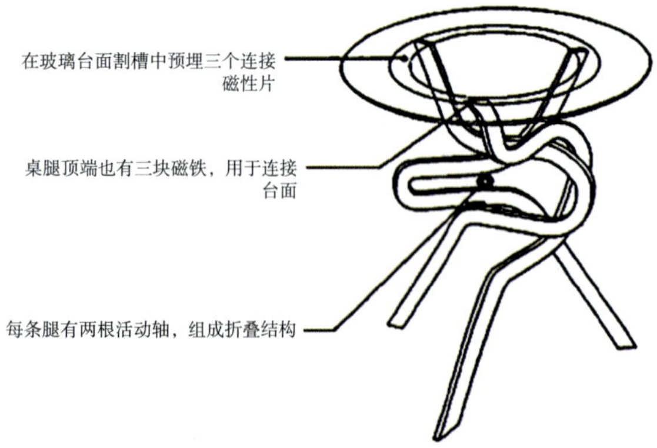

图2-16 可变结构的餐桌

2.2 形态与材料、工艺

产品设计包含三个核心要素：功能、形态和物质技术条件。其中，物质技术条件在很大程度上指的是材料和工艺，这凸显了材料和工艺在设计中的重要性。

从工业设计的属性来看，设计是人类为了自身的生存和发展而进行的一种造物活动。它是一种有计划、有意识地运用工具和手段，将材料加工塑造成具有一定形状的实体，使之成为具有使用价值或商品性的物质的活动。如图2-17所示，从古至今的人类各种盛水、饮水器皿，包括陶器、瓷器、铜器、塑料、不锈钢和玻璃器皿，虽然功能一致——解决人们的盛水和饮水问题，但它们的形态、材料和工艺各不相同。现代的塑料和不锈钢器皿与古代的铜制品、铁制品相比，更便于携带，适用范围更广。

材料不仅改善和影响着人们的生存状态和生活方式，还反映了一个时代的文化、经济和生活方式。新材料、新技术、新工艺体现了社会的发展水平。图2-18展示了法国百年时尚设计展的部分作品，从产品的种类以及材料、工艺的变化中，我们可以看到法国近百年来设计的发展变化，材料和工艺能够反映出时代的特征。

图2-17 从古至今人类用来盛水、饮水的器皿

在设计中，对新材料的开发与应用是提高产品效用和实现产品新功能的重要因素。例如，塑料对产品设计产生了重大影响。如图2-19所示，塑料制品已经覆盖人们生活的方方面面，成为设计中不可或缺的材料。同时，由于塑料的不可降解性，产生了大量的白色污染，这也推动了绿色设计理念的发展。没有任何一种材料像塑料一样对人类的发展影响如此深远。

图2-20展示了五款金属制品，它们的造型和功能各不相同，但基础材料一致。仔细观察它们的加工方法、成型工艺、表面处理方式，可以发现它们之间存在一定的区别。对于设计人员来说，要完成这样的作品，离不开对材料和工艺的深入研究和运用。

注意：对材料和工艺的了解，是工业设计师必备的素养之一。

2.2.1 材料的分类

材料的分类可以通过多种方法进行，主要包括历史分类法、材料加工度分类法、物质结构分类法、材

图2-18 法国百年时尚设计展部分作品

图2-19 塑料材质产品

图2-20 金属制品

料形态分类法四种。

（1）历史分类法

历史分类法是指材料的使用和发展可以划分为不同的历史时期，每个时期以特定的材料为特征。这些时期包括：

①石器时代：约250万年前，人类开始有意识地加工天然材料，制作石制工具，如石刀、石斧、石铲等。这是人类制造的第一类原始材料。

②陶器时代：公元前7000多年，埃及人发展了陶器上挂釉技术，并意外发现了玻璃。陶器是人类第一种人工制成的合成材料，标志着从游猎生活向农牧生活的重要转变。

③青铜器时代：公元前6000多年前，人类发现并利用天然铜块制作铜兵器和工具。铜锡合金是人类历史上发明的第一种合金。图2-21为中国商代晚期的青铜器司母戊方鼎，其造型庄严雄伟，采用陶范法铸造，鼎体浑铸，是中国古代形体最大和最重的青铜器，展现了商代青铜冶铸业的高超技艺。

图2-21 青铜器司母戊方鼎（商晚期）

④铁器时代：随着炼铁技术和制造技术的发展，铁器被广泛应用于生活用具，推动了现代工业革命的进程。

⑤高分子时代：20世纪初，人工合成材料（如酚醛塑料）的出现，标志着高分子材料时代的开始。

⑥复合材料时代：20世纪50年代以后，复合材料[如ETFE（乙烯-四氟乙烯共聚物）]等新型材料的出现，预示着未来材料科学的发展。如图2-22所示，中国国家游泳中心“水立方”采用了独特的ETFE材料。

（2）材料加工度分类法

材料加工度分类法是根据材料的加工程度进行分类的。材料的加工度分类法将材料分为五代：

第一代是天然材料——不改变在自然界中保持的状态，或只施加低度加工，如木材、竹子、棉花、羊毛、皮革、石材等。

第二代是加工材料——利用天然材料经过不同程度加工得到的，如人造板、纸、水泥、金属、陶瓷、玻璃等。

第三代是合成材料——人为地将不同物质通过化学方法或聚合作用加工而成的，如塑料、橡胶、纤维等。

第四代是复合材料——由不同材料（包括金属、无机非金属和有机高分子材料）互为基体或增强体，通过物理和化学方法在宏观尺度上复合而成，具有新性能。防滑涂料也是采用复合材料制成的。

图2-22 中国国家游泳中心“水立方”

第五代是智能材料或应变材料——随环境条件变化具有应变能力，拥有潜在功能。例如，在飞机制造领域，科学家正在研制的智能材料能在飞行中遇到涡流或逆风时，使机翼迅速变形，以消除影响，并保持飞机的平稳飞行。

（3）物质结构分类法

物质结构分类法是根据材料的微观结构进行分类。设计材料按物质结构分为四类：

①金属材料：包括黑色金属（如铸铁、碳钢、合金钢）和有色金属（如铜、铝及其合金）。

②无机材料：包括石材、陶瓷、玻璃、石膏等。

③有机材料：包括木材、皮革、塑料、橡胶等。

④复合材料：如玻璃钢、碳纤维等。

（4）材料形态分类法

设计材料往往事先制成一定的形状，根据其形状可以分为以下几类：

①点状材料（颗粒材料）：主要指粉末与颗粒状等细小形状的物体，包括塑料、金属、金属纤维、复合材料颗粒等[图2-23（a）]。颗粒材料的优势在于通过合适的加工方法可以聚合成各种形状。

②线状材料：设计中常用的线状材料有钢管、钢丝、铝管、金属棒、木条、竹条、藤条等，其在设计中应用广泛[图2-23（b）]。图2-24的座椅设计中，两种线状材料的组合使座椅既有木材的柔性质朴感又有金属的刚性现代感。图2-25为1947年丹麦设计师汉斯·瓦格纳设计的“孔雀椅”，其材料包括榉木、柚木、纸绳，线状材料的应用凸显其高大靠背的同时又不失实用性。

③板状材料：设计中所用的板状材料有金属板、木板、塑料板、合成板、金属网板、皮革、纺织布、玻璃板、纸板等。芬兰的建筑大师阿尔瓦·阿尔托于1928年设计的扶手椅[图2-23（c）]是采用薄而坚硬且能热弯成型的胶合板和弯木制成的，轻巧、舒适、紧凑。该设计充分利用了材料的特点，既优美雅致又不失其舒适性。

④块状材料：设计中常用的块状材料有木材、石材、泡沫塑料、混凝土、铸钢、铸铁、铸铝、油泥、石膏等，在设计中一般对块状材料进行造型的减法和加法处理[图2-23（d）]。

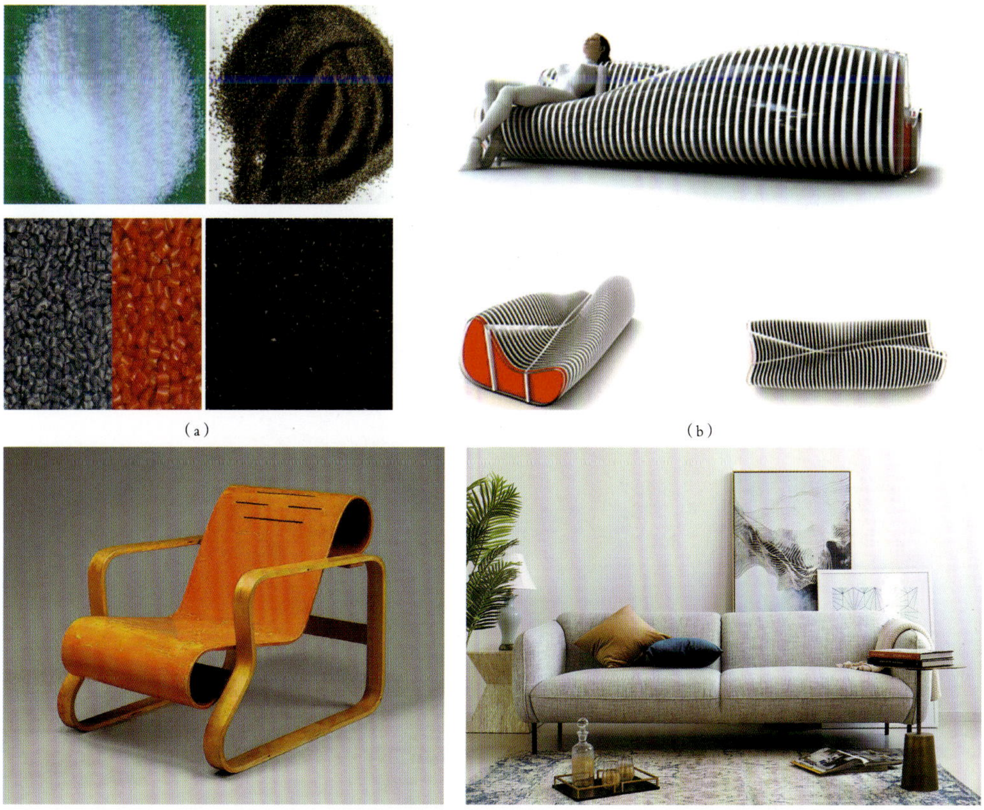

（a） （b） （c） （d）

图2-23 点状材料、线状材料、板状材料和块状材料

2.2.2 材料的工艺特性

材料的工艺特性是指材料适应各种工艺处理要求的能力。这通常包含三个主要内容：成型工艺、加工工艺、表面处理工艺。材料的固有特性综合反应决定了材料能否加工、如何加工，直接关系到产品的质量和生产成本。

（1）材料的成型加工

设计材料应能经受自然环境的影响和周围介质的破坏作用。合理地使用和保护材料是设计中应注意的问题。容易成型和加工是设计材料的最佳选择条件，也是衡量设计材料好坏的重要因素之一。成型加工包括熔融状态下的一次加工和冷却后的二次加工，如车、钳、铣、刨、削等。通常把第一次加工称为“成型加工”，把第二次加工称为“加工”。以下举例说明：

钢铁加工：工艺优良，成型方法多样，可采用铸造、锻压、焊接、切削加工（如车、钻、镗、磨、铣、刨）等；

木材加工：具有易锯、易刨、易打孔、易组合等加工成型特性；

塑料加工：原料易得、性能优良、表面装饰效果丰富，可塑性强。

相同的材料和结构方式，采用不同的工艺，所获得的外观效果差异较大。如图2-26所示，对金属支撑件采用三种不同工艺（铸造成型、厚钢板焊接成型、薄钢板弯折成型），得到完全不一样的造型。

（2）材料的表面处理

人与产品的关系不仅是使用和被使用的关系，还表现为触觉和视觉的关系，这就涉及材料的表面。产品表面所需的色彩、光泽、纹理、质地等，除了少数材料所共有的特性，大多数是依靠各种表面处理工艺而获得的。

①表面处理的目的

设计材料经过一系列表面处理，改变其表面状态，除了能使产品防腐蚀、防化学物品侵蚀、防污

图2-24 结合了两种材料的现代座椅设计

图2-25 丹麦设计师汉斯·瓦格纳设计的“孔雀椅”

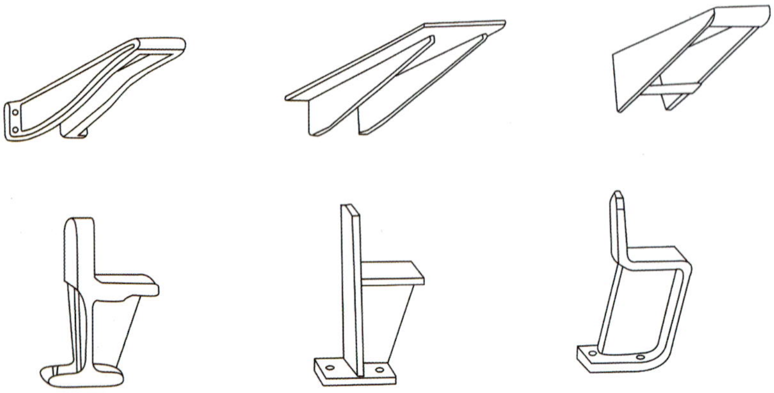

（a）铸造成型　（b）厚钢板焊接成型　（c）薄钢板弯折成型

图2-26 不同成型工艺对相同材料造型的影响

染，延长产品的使用寿命之外，还可增强材料的表面装饰效果，从而获得美观的外形，提升产品的经济价值（图2-27）。

②表面处理的类型

材料的表面性质和状态与表面处理技术有关，通过切削、研磨、抛光、冲压、喷砂、蚀刻、涂饰、镀饰等，可以获得不同材料的表面性质、肌理、色彩、光泽，从而产品展现出精湛的工艺美、技术美和强烈的时代美感。表面处理主要分为表面被覆、表面层改质、表面精加工三种类型。

A.表面被覆：在原有材料表面堆积新物质的技术。表面被覆包括镀层被覆、涂层被覆和珐琅被覆。

a.镀层被覆：在制品表面形成具有金属特性的镀层，图2-28的水龙头采用的是表面电镀工艺。镀层被覆能够提高制品的耐蚀性、耐磨性，达到增强色彩、提高光泽度等装饰效果。

b.涂层被覆：在制品表面形成以有机物为主体的膜层，并干燥成膜，工业上简称“涂装”。涂装具有保护、装饰和特殊功能（如隔热、绝缘、耐水、耐辐射、杀菌、吸收雷达波、隔音等），图2-29为生活中常见的采用涂装工艺的椅子。

c.珐琅被覆：通过在金属制品表面使用玻璃材质形成覆盖层，并在800℃左右的温度下烧制而成。珐琅被覆提高制品坚固性和耐蚀性，并有优良的装饰性，但受冲击和温度急剧变化时易剥落，如图2-30所示。

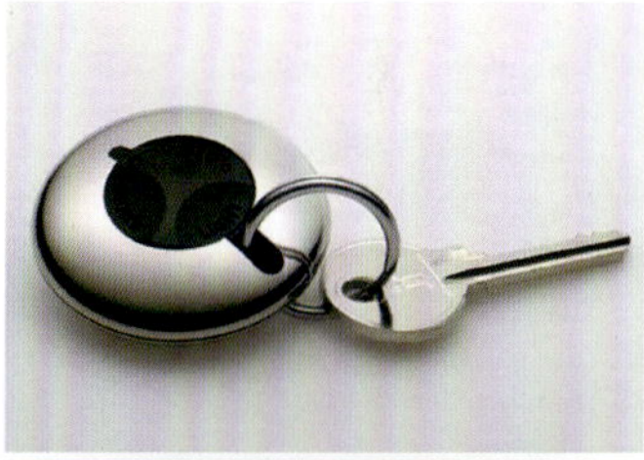

图2-27 产品表面处理

图2-28 电镀的金色水龙头

图2-29 采用涂装工艺的木结构椅子

图2-30 珐琅被覆

B.表面层改质：改变原有材料的表面性质，如图2-31所示。它包括化成处理和阳极氧化。

a.化成处理：通过化学反应形成的氧化膜或无机盐覆盖膜。

b.阳极氧化：通过化学反应形成的多孔的氧化膜，具有吸附性。

C.表面精加工：将材料表面加工成平滑、光亮、美观和具有凹凸感的状态。通常采用切削、研磨、蚀刻、喷砂、抛光等方法。图2-32是一组经过表面精加工的杯子。

③材料表面处理类型选择的原则

表2-1为造型材料表面处理的分类。表面处理三种类型的处理效果不同，处理方法和技术也不一样。表面被覆主要在材料表面覆盖新的材料层，赋予其新的功能和外观。这包括金属被覆（如电镀、镀覆）、有机物被覆（如涂装、塑料衬里）、珐琅被覆（如搪瓷、景泰蓝）。表面层改质通常采用化学或电化学方法改变材料表面的物理和化学性质，提高其耐蚀性和耐磨耗性，同时让其易于着色。化学方法包括化成处理和表面硬化，电化学方法则有阳极氧化。表面精加工通常采用机械或化学方法，旨在使材料表面达到平滑、光亮的效果，并能形成凹凸的花纹。机械方法包括切削、研削、研磨；化学方法则涉及研磨、表面清洁、蚀刻、电化学抛光。

注意：在选择表面处理工艺时，应综合考虑七个方面的因素，即形态的时代性、求简的单纯性、功能的合理性、情感的审美性、产品档次的经济性、成本及环境保护。

图2-31 表面层改质

图2-32 经过表面精加工的杯子

表2-1 造型材料表面处理的分类

分类	处理的目的	处理方法和技术
表面被覆	有耐蚀性、色彩性，赋予材料表面功能	金属被覆（电镀、镀覆） 有机物被覆（涂装、塑料衬里） 珐琅被覆（搪瓷、景泰蓝）
表面层改质	有耐蚀性、耐磨耗性，易着色	化学方法（化成处理、表面硬化） 电化学方法（阳极氧化）
表面精加工	有平滑性和光泽，形成凹凸花纹	机械方法（切削、研削、研磨） 化学方法（研磨、表面清洁、蚀刻、电化学抛光）

2.2.3 质感设计

（1）质感设计的形式美法则

质感设计的形式美法则主要包括调和与对比法则和主从法则。在设计产品时，材质的使用应符合大众审美，同时在主材和辅材的使用上要注意比例，按照主从法则进行设计，突出重点，凸显功能。

（2）质感设计的运用原则

质感设计的运用原则包括：

①合理性：根据材料的性质、产品的使用功能和设计要求，正确经济地选用合适的材料。

②美观性：追求不同色彩、肌理、质地的材料的和谐与对比，充分显露材料的材质美，借助材料本身的特征来增加产品的艺术造型效果。

③创新性：打破陈规，大胆使用新材料、新工艺，同时对传统材料赋予新的形式，创造新的艺术效果。

（3）质感设计的主要作用

质感设计的主要作用共有五个方面：提高适用性、增加宜人性、塑造产品的精神品位、达到产品的多样性和经济性、创造全新的产品风格。

2.2.4 材质设计在产品设计中的美学作用

材质设计在产品设计中扮演着至关重要的角色，其美学作用主要体现在以下几个方面：

①提高适用性：良好的触觉材质设计可以显著提升产品的适用性（图2-33）。例如，软质材料能够提供用户柔软的触感和舒适的心理体验。在设计如机箱、收录机、仪表等产品的开关按钮时，在表面压制凹凸细纹，不仅可以增强触觉刺激，提高易用性，还能避免因滑动导致的误操作。

②增加外观质地美：视觉材质设计通过提升产品的外观质地，增强其美学价值。如图2-34所示，现代化电视设计中，质地的提升不仅提升了产品的整体外观品质，还增添了形态和色彩难以替代的形式美。印刷品上使用的荧光油墨、金银油墨、各色电化铝烫印等，都是视觉质感设计的例子，它们带有强烈的质地美。

③获得多样性和经济性：通过良好的人为质感设计，可以替代或补救自然质感，从而节约大量珍贵的

图2-33　光滑材质的手镯和亚光材质的台灯

图2-34　现代化的电视设计

自然材料。这种方法不仅实现了工业产品设计的多样性，还具有经济性（图2-35）。塑料镀膜纸可以替代金属，各种墙纸能够模仿锦缎的质感，这些都是实现设计多样性和经济性的例子。

④表现真实性和价值性：材质设计在传达产品的真实性和价值性方面起着决定性作用。良好的质感设计能够让人感受到一种内在美，提升产品的整体审美价值（图2-36）。

注意：材质美学要素在产品形态设计中具有重要地位和作用。产品形态设计强调“质色并重”原则，即在造型设计中不能孤立地看待色彩和材质。色彩和材质应协调一致，以实现自然、优美、丰富的外观效果。

2.2.5 材料感觉特性的应用

（1）材料特性的内容

在确定应用之前，应先对设计材料的感性有所认识。感性是指人对物所持有的感觉或意向，即人对物在心理上的期待感受。设计材料的感性是指材料作用于人的认知体验，是人的感觉系统因生理刺激对设计材料做出的反应，或由人的知觉系统从材料表面特征得出的信息。这是人对设计材料的生理和心理活动，建立在生理基础之上，是人们通过感觉器官对材料产生综合印象。

构成产品形态设计的三大基本感觉要素为形态感、色彩感和材质感（图2-37）。其中，形态感和色彩感是基于视觉的，材质感是基于触觉的。

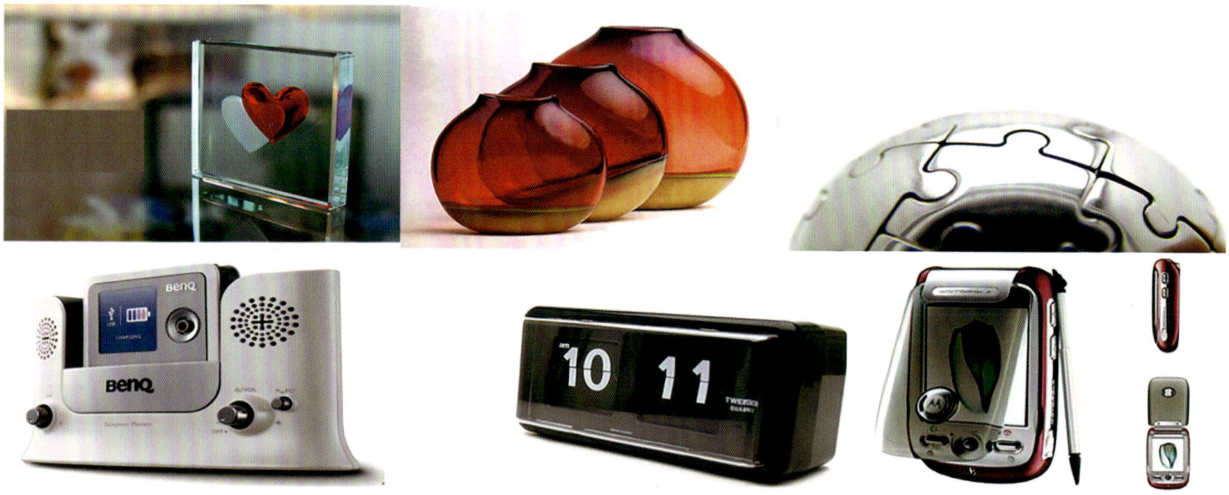

图2-35　在经济性前提下的多样性产品

图2-36　形态简约注重真实与价值的产品设计

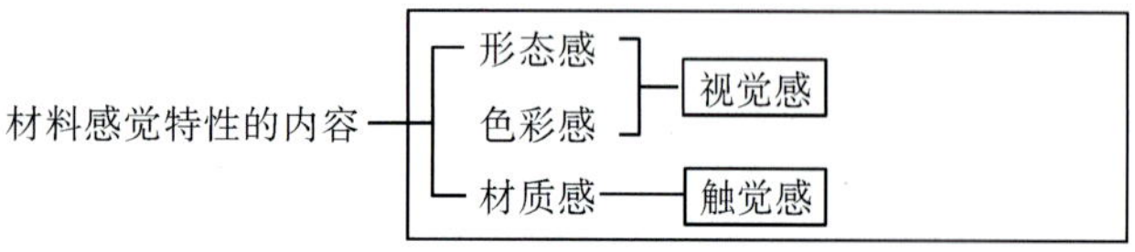

图2-37　构成产品形态设计的三大基本感觉要素

基于视觉，设计师通过产品的造型和色彩传递给用户。图2-38为多彩闹钟设计，其欢快鲜明、纯度较高的色彩，以及卡通的造型，共同向用户传达了可爱的设计信息。

基于触觉，包括肌理和质地两个层次的概念。肌理是指物面的几何细部特征造成的形式要素，质地是指物面的理化类别特征造成的内容要素。如图2-39所示，左侧金属材质肌理是同心螺旋纹的拉丝，质地是不锈钢，它给人知觉系统带来的感受与右侧的木材完全不同。

材料感觉特性的内容包括触觉材质感、视觉材质感、自然材质感和人为材质感。

①触觉材质感是人们通过手或皮肤触及材料而感知的表面特性，是人们感知和体验材料的主要方式。触觉材质感的生理构成包括运动感觉与皮肤感觉，心理构成包括舒适触感和厌恶触感，物理构成与材料表面组织构造的表现方式密切相关。

②视觉材质感靠视觉感知材料表面特征，是材料被视觉感受后经大脑综合处理而产生的一种对材料表面特征的感觉和印象。图2-40是视觉反应流程。

视觉材质感的主要特点包括：a.生理构成是基于视觉的；b.物理构成是通过视觉感受到差异的，材料表面的光泽、色彩、肌理和透明度等都会产生不同的视觉质感；c.视觉材质感具有间接性，大部分触觉感受可以转化为视觉的间接感受；d.视觉材质感具有距离效应，材料的视觉质感与观察距离有密切关系。如图2-41所示，废弃轮胎放大后，轮纹依然有着明显的节奏感和韵律感。

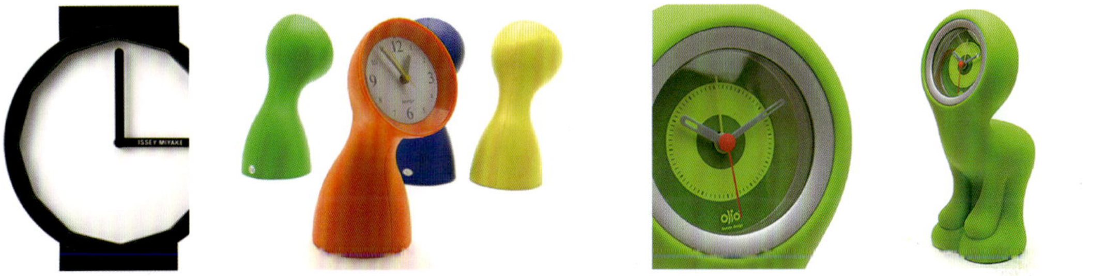

图2-38　可爱的多彩闹钟设计

图2-39　不同材质的表面特征对人知觉系统有不同的刺激

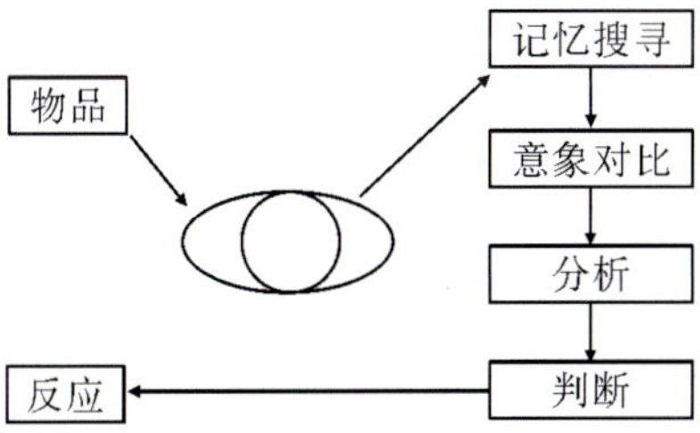

图2-40　视觉反应流程

图2-41　材质的节奏感和韵律感

③自然材质感是材质本身固有的质感，由材料的成分、物理化学特性和表面肌理显示的特征组成。自然材质感突出材料的自然特性，强调材料自身的美感，关注材料的天然性、真实性和价值性。

④人为材质感是人有目的地对材料表面进行技术性和艺术性加工处理，使其具有材料自身非固有的表面特征。人为材质感突出人为的工艺特性，强调工艺美和技术创造性。

（2）材料感觉特性的评价

产品的形态感、色彩感和材质感都是以作用于人的感官所获得的感性为依据的。因此，在设计时，材料的选择和运用必须予以充分考虑。对材料的感觉特性描述及评价主要包括两种方式：描述设计材料感觉特性和测定材料感觉特性。

有许多形容词可以用来描述材料的感觉特性，如自然与人造、浪漫与拘谨、高雅与低俗、明亮与阴暗等（表2-2），这些都是相对的描述词语。某种材料具体具有哪种特征，可以通过调研、统计等方法进行收集整理并予以确定。材料感觉特性的测定一般是通过感性工学完成的。

注意：感性工学是感性与工学相结合的技术，主要通过分析人的感性设计产品，依据人的喜好制造产品。它属于工学的一个新分支。感性工学的"感性"是一个动态的过程，它随时代、时尚、潮流及个体、个性的变化而不断变化，似乎难以把握，更难量化。但对于基本的感知过程，利用现代技术则是完全可以进行测定、量化和分析，其规律也是可以被掌握的。最早将感性分析引入工学研究领域的是日本广岛大学工学部的研究人员。1970年，以在住宅设计中开始全面考虑居住者的情绪和欲求为开端，研究人员着手研究如何将居住者的感性在住宅设计中具体化为工学技术，这一新技术最初被称为"情绪工学"。当时工学部副教授长町三生参与了这一研究，之后，他在与企业的合作过程中，觉察到日本的产业模式正在悄悄地发生变化，那种为满足消费者普遍需求而大量生产的方式正在逐渐消退，他敏锐地感到一个表现消费者个性需求的"感性的时代"即将到来。如图2-42所示，四个不同材质的碗，我们可以通过感性工学对其进行感觉特性的测定。

有些因素会直接影响材料感觉特性，分别是材料的种类、材料成型加工工艺、表面处理工艺和其他因素。

①材料的种类

不同种类的材料给人的感受也是不一样的，如木材给人的感受是自然、协调、亲切、古典、手工、温暖、粗糙等。

表2-2　材料感觉特性的描述

自然—人造	浪漫—拘谨
高雅—低俗	协调—冲突
明亮—阴暗	亲切—冷漠
柔软—坚硬	自由—束缚
光滑—粗糙	古典—现代
时髦—保守	轻巧—笨重
干净—肮脏	精致—粗略
整齐—杂乱	活泼—呆板
鲜艳—平淡	科技—手工
感性—理性	温暖—凉爽

图2-42　形状类似但材质不同的四个碗

②材料成型加工工艺

不同的加工方法和工艺会使材料产生不同的外观效果，从而获得不同的感觉特征。例如，锻造工艺忠实地保留了制作过程中的情绪化痕迹、强烈的个性化特征和浓厚的手工美。此外，还有铸造工艺、焊接工艺、铆接工艺、编织工艺、车削工艺、磨削工艺、电镀工艺、喷砂工艺等。

注意：材料在很大程度上受时代的制约，与时代的科技水平、审美标准、流行时尚等因素有着直接的关系。例如，在现代社会，人们较为喜欢不锈钢制品，因为其质地坚硬，经久耐用。

在现代社会中，尽管人们的物质生活水平得到了很大提高，但人们仍期望充分利用新材料的性能特征，来提高产品的质量或达到某种新的功能要求，从而进一步提高人们的生活质量。在设计中，对新材料的开发与应用是提高产品效用和开发产品新功能的重要因素。

由于氟树脂优异的热性能，以及易清洁、不沾油、无毒等特性，因而出现了不粘锅及易清洁的脱排油烟机等新产品。自人们发现高温超导陶瓷以后，又成功地研制了超导磁体，并利用其性能，成功研制了高速超导磁悬浮列车。

不同的材料具有不同的视觉特征，一旦材料被应用到某个具体的产品中，就会对这一产品产生直接的视觉影响。在现实生活中，我们能真切地感受到这一点，即使是同样的产品，由于采用的材料不同，也会给人留下不同的视觉感受。此外，不同的材料有着不同的加工方法和成型工艺，而不同的加工工艺也会对产品的形态产生直接的影响。

例如，自行车的车架结构除了要满足力学上的要求外，还要受其材料加工工艺的严格制约。近百年来，由于自行车的车架一直受钢管的弯曲和焊接等工艺的限制，因此车架的形态基本上呈三角形。因碳纤维加强玻璃钢合成材料（它具有重量轻、强度高、整体成型等特点，因而被用作自行车的车架材料）的出现，彻底改变了传统的自行车三角形框架结构，其形态发生了重大的变化。

图2-43的碳纤维自行车由于充分发挥了该材料的性能特点，采用了新的加工工艺，改变了传统的自行车结构，并配以新颖的传动方式，整辆车的形态显得格外轻盈活泼、新颖美观而富有动感。在产品设计中，应该充分发挥材料特性、应用较为经济适用的加工工艺，将材料、工艺与产品形态、功能相互结合，这样才能设计出适应性强、用户爱用的产品。

③表面处理工艺

注意：表面处理带来的特殊工艺特性：异质同感和同质异感。

异质同感：对物面固有质感做破坏性的化学加工

图2-43　碳纤维自行车设计

处理，赋予物面新的非固有质感或其他材质的质感，使不同材质有统一的质感（图2-44）。其在工业产品造型质感设计中的作用是变化中求统一。例如，木材与金属，同样做不透明的油漆涂装工艺处理，产生了完全一致的新的漆面质感。此外，使用相同表面饰纸或墙纸的展览会展架、展台、展板，也使不同材质的物品呈现统一的表面质感。在现代工业设计中，人为质感被广泛利用。通过应用各种涂料、装饰材料以及异材质感的加工工艺，工业造型设计得以实现丰富多彩的材质质感。

同质异感：对物面固有质感做改造性的物理加工处理，使其既保留了物面固有的自然质感，又产生了人为质感的系列变化（图2-45）。其在工业产品质感设计中的作用是统一中求变化，有明显的装饰性。铝材面饰工艺有腐蚀、氧化、抛光、旋光、喷砂、丝纹处理、高光、亚光、无光等。为了产生不同质感，工程塑料饰面可做涂装、电镀、喷砂、烫印等处理；玻璃饰面可做冷加工、热加工、磨刻、蚀刻、喷砂、化学腐蚀等处理；木材饰面（同一种木材）可做横切、纵切、弦切等处理，从而产生断面纹、直面纹、斜面纹、涡纹、带状纹、皱状纹等纹理变化；纸张饰面可做上胶、上光、砾光、制皱、压印、涂布等处理来丰富视觉质感；水泥表面可进行水磨石面、水洗石面、水刷石面、拉毛面、砍石面、硼砂酸浸、氟化面等处理。

2.3 形态与色彩

形态与色彩都是传递信息的重要工具，它们各自拥有独特的表达方式。形态传达的信息具有直接性和准确性，这是色彩无法比拟的。例如，人的面孔、手印、书写的文字和表情等，都能直接传达具体信息。然而，色彩也有其独特的魅力，如蝴蝶翅膀的斑斓、孔雀尾羽的华丽、四季变换带来的不同感受等，这些都是形态难以替代的。它们共同构成了我们多彩的世界（图2-46）。

图2-44 异质同感

图2-45 同质异感

色彩不仅能够传递信息，还蕴含着丰富的寓意，是消费者确认产品价值的重要因素之一。人们对产品的功能和形态的知觉往往是理性的，而对色彩的选择则更多是出于本能，是感性的。人们对同一产品形态的感受和理解，受色彩变化的影响很大，色彩的不同选择可能导致产品畅销或滞销的巨大差异。因此，色彩在产品设计中扮演着至关重要甚至无法替代的角色，它在吸引注意力方面比外形更直接、更快速。

工业设计是在机械化大生产和科学技术不断进步的前提下产生的。它要求设计师不仅要从美学角度运用造型原理和规则，还要综合考虑产品的设计开发、制造生产、销售使用和回收处理等各个环节和层面，以确保设计结果的科学性、实用性和艺术性，满足人的需求。色彩作为产品设计中的关键要素之一，同样需要在这些环节和层面中得到充分考虑。

注意：设计师必须充分认识到色彩的作用和对产品的影响，了解色彩如何通过产品影响人，力求将色彩与产品设计科学有机地结合起来，最大限度地发挥产品的功能和作用。这是设计师必须掌握的重要知识。

2.3.1 色彩体现产品的功能

色彩在产品上的应用原则是服从功能的要求。色彩不仅能够提升产品的美观性，还能直观地传达产品的功能信息和使用状态。一般情况下，某一类产品往往会形成自己的习惯色（图2-47）。例如，家电等面积较大的日用品通常采用白色或其他浅色调。这是因为浅色在日常生活中与洁净度关系更为紧密，浅色可以满足消费者对清洁的期望。如果没有遵循这种普遍认知，可能破坏消费者的情绪，产生消费抵触心理，进而影响产品功能的发挥。

注意：在产品的控制面板上，色彩设计应符合消费者的使用习惯和安全标准。例如，绿色通常用来表示接通、安全或节能状态，红色则用来警示危险或断开状态。另外，色彩设计还要考虑区域环境，包括地理和文化背景。不同国家和地区对颜色的理解和忌讳不同，这在配色时需要特别注意。

特定行业的色彩应用：医用器械常用白色和蓝色，以传达清洁和专业的感觉（图2-48）；农业机械常用纯色或饱和度较高的鲜艳色彩，以适应户外工作环境（图2-49）；电视机常用金属色、深灰色等，以展现现代感和科技感（图2-50）；移动工程机械常用醒目的色彩搭配，如黄色和黑色，以提高安全性和可见性（图2-51）。

图2-46 色彩与形态共同作用下的多彩世界

图2-47 汽车和飞机仪表上的色彩示能

2.3.2 形态的色彩设计

产品形态的色彩设计是综合分析产品形态及各种功能因素后，制订合适的色彩配置方案的过程，使产品具有更合理、更完美的视觉效果。

（1）产品配色的基础

产品的色调应是设计师统一考虑的结果，反映产品色彩的总特征和总倾向。产品色彩的选择通常基于产品的功能、作业环境、材料工艺、用户要求，以及色彩的功能作用等因素。

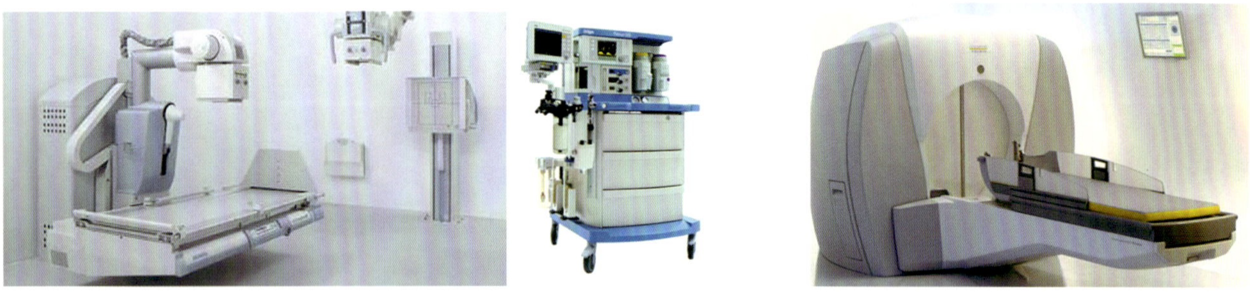

图2-48 医用器械配色

图2-49 农业机械配色

图2-50 电视机等家电配色

图2-51 工程车辆配色

产品的色彩配置如图2-52所示。最佳处理方式是上明下暗、上轻下重，或在中部施以与主色调明度差别较大的浅色或深色，形成对比，以取得生动的效果。产品色调的形成通常由占据面积优势的主色调决定，主色调支配和统一全局的色彩。一旦主色调选定，其余色彩必须围绕这个色调进行配置，形成统一调和的色调。

（2）配色的生理和心理需求

产品配色需要在视觉生理和心理取得平衡的基础上实现和谐与统一。如果产品配色中色彩的明度、纯度过高或色彩对比过于强烈，可能会刺激眼睛，导致观者视觉疲劳，心理上也可能感到焦躁不安。适当降低色彩的明度、纯度或减少色相的对比，可以取得和谐的效果，使视觉在生理和心理上达到平衡，如图2-53所示。

产品与环境的协调带来的美感，要求将产品与环境视为一体，评价其视觉感受是否协调。例如，家用座椅与城市公共座椅在色彩选择上应有所区别，以适应不同的使用环境和审美需求。

（3）色彩的视认性与诱目性

色彩的视认性指的是底色上图形色彩的可辨识程度，即颜色在使用中是否可以让人看清楚。实验证明，当照明情况良好，且图形与底色的色相、纯度、明度形成强烈对比时，视认性较高；反之，对比弱时，视认性较低。图形面积较大时，视认性高；面积过小时，图形色可能被底色同化，导致视认性降低。图形简单而集中时，视认性高；图形复杂而分散时，视认性低。例如，在白纸上写黑字容易辨识，在白纸上写黄字则较难分辨。

配色的视认性对产品使用操作的效率影响很大。良好的视认性能提高产品操作的准确性和效率，而较差的视认性可能导致使用产品时出现错误，且工作效率不高。因此，良好的视认性对于应急按钮、开关、操作键、刻度、面板控制显示键等的色彩设计来说至关重要，如图2-54所示。

在色彩的诱目性方面，色彩本身容易引起视觉注意，如纯度高的鲜艳色诱目性高，尤其是红、橙、黄这类具有扩张性质的膨胀色，较容易引起人们的注意。然而，视认性高的未必就是诱目性高的色，因为容易被识别辨认的颜色不一定会吸引人的注意力。诱目性主要取决于该色的独立属性和它在周围环境中惹人注意的程度。彩色比无彩色诱目性高，纯度高的暖色比纯度低的冷色诱目性高，明度高的颜色比明度低的颜色诱目性高。在设计中，要提高产品色彩的诱目

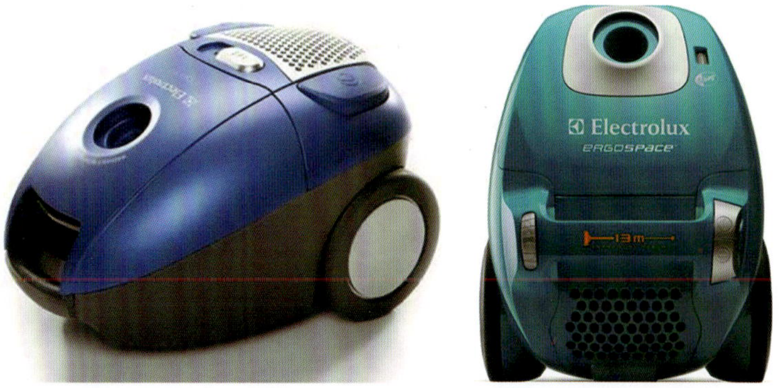

图2-52　产品要有主色调，配以辅色，主次分明，相辅相成

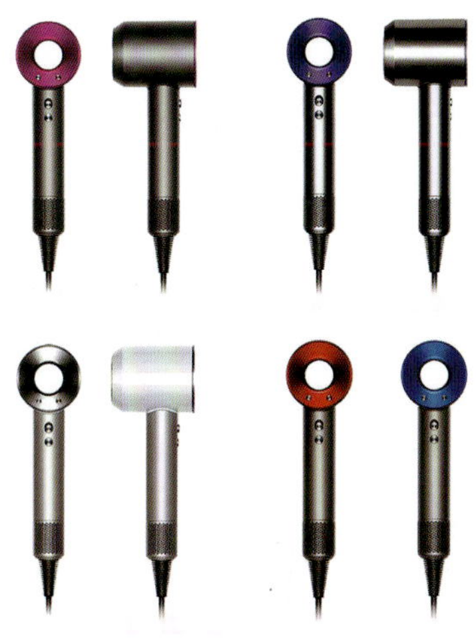

图2-53　Dyson Supersonic吹风机

图2-54　产品配色要充分考虑产品的视认性

性，还需综合考虑色彩与造型、材质、使用环境等要素，如图2-55所示。

（4）色彩设计的影响因素

色彩设计，本质上是颜色的搭配艺术。自然界的色彩绚丽多变，而色彩设计的配色方案也同样千变万化。当人们观察自身所处的环境时，色彩总是先吸引视线，产生各种视觉效果，带给人们不同的视觉感受，直接影响着人们的美感认知、情绪波动乃至生活状态和工作效率。在产品设计中，即便形体相同，不同的色彩也会给用户带来完全不同的感觉。因此，产品色彩具有相对独立性（图2-56），并且必须依附于形体和材质。

①产品色彩与用户

色彩设计与产品的形态、结构、功能应达到和谐统一。产品的功能需求决定了色彩设计先要考虑色彩功能与产品功能特点的协调统一，这有助于用户对产品物质功能的清晰理解，从而有利于产品功能的发挥并取得良好效果。

注意：在产品色调处理上，过多的色彩配置容易造成色彩混乱，破坏和谐效果，易让用户产生视觉混乱。

色彩与产品之间存在内在联系，加强这种联系是把握产品色调的关键。色彩具备提醒功能和彰显个性的作用，当色彩与具体产品结合时，能表现出不同的内在联系和倾向性。例如，轻型精密产品宜用浅而沉静的色调，以表现其精密、轻巧的功能特性（图2-57），而沉重的颜色可用于表现重型产品的稳重和力量感（图2-58）。

内外和谐的色彩配置能加强用户对产品的第一印象。例如，博世手钻（图2-59）的设计直观地通过色彩区分操作部分，反映出产品功能与色彩之间的关系。

图2-55 暖色使产品更加温馨

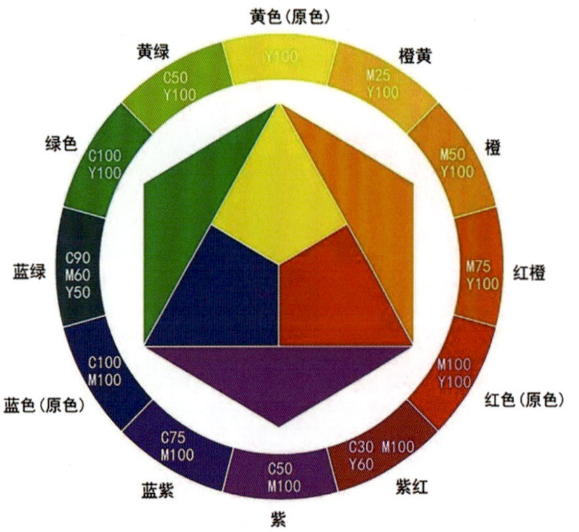

图2-56 色相环

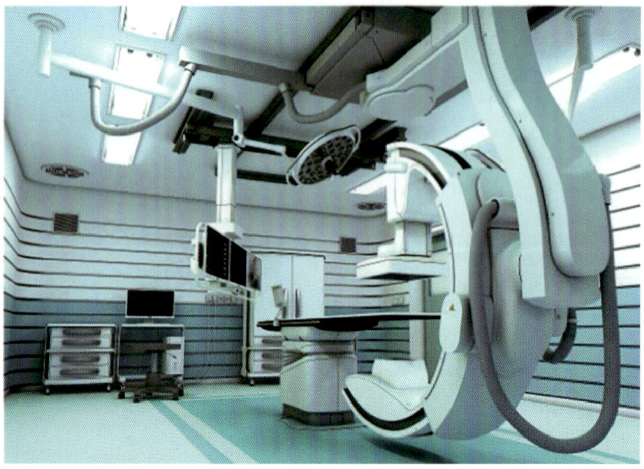

图2-57 轻型精密产品

设计师在设计时必须根据产品的种类、用途、大小选择不同的色彩方案，这些色彩选择都与产品功能特点和外观表现力密切相关。色彩设计必须符合产品的功能特点，才能使产品外观具有强有力且丰富的表现力。例如，图2-60的法拉利599采用两个不同的色彩方案。调研发现，大多数用户更青睐红色的款式，因为红色更加张扬，能够激发用户对速度和激情的感受，代表品牌的速度形象。

②产品色彩与材质工艺

在产品设计中，色彩并不是独立存在的，而是与材质、表面处理工艺共同构成完整的色彩体系。色彩的使用和设计之间的关联，类似于通过穿着不同质地、不同颜色的衣物来展现不同的气质。当相同的色彩配置方案应用在不同的材质上，并经过不同的表面处理工艺后，会呈现不同的效果。

材质的不同会影响色彩给人的感觉。例如，同一件产品，使用亮光面和亚光面呈现的感觉是不同的。即使是同色物品，不同材料因其反光、折光等现象也会给人不同的色彩感觉。灵活运用材质与色彩的搭配，是提升设计水平的有效方法。许多经典设计通过选择一个主色调，并利用色彩在不同材质中体现的不同质感来达到设计目的。

注意：由于产品通常由不同材料的部件组成，因此需要从整体上考虑产品配色，并规划产品的材质效果。材质不同，色彩就具有不同的特质，局部的完美并不科学。

金属材质可以使色彩显得更硬、更冷，如金属漆效果能赋予材料金属的质感。木质材料则给人以自然、亲切的感受。透明或半透明的塑料材质，如玻璃或透明PC材料，对色彩在视觉上的影响也很大。透明和不透明材料的搭配可以给产品带来特殊的效果，如图2-61所示。

注意：产品的材质差异会影响色彩的表现，进而影响人们对产品视觉的心理感受。材质的物理、化学特性往往与产品功能有关。即使肌理相似或相同的色彩效果，也可能不是同一种材质。

产品最终呈现的色彩效果，除了受材质的影响外，还与使用工艺密切相关。当产品的主色调为单色或双色时，着色工艺越简单，通常视觉效果越好；相反，如果着色工艺复杂，视觉效果可能不如预期。即使是相同材质，采用不同的工艺所展现的视觉效果也会有所不同。以电器产品中广泛使用的金属为例，用户经常可以在产品上看到厂家对金属表面采用的不同工艺，如拉丝或喷砂处理。

图2-58 重型产品

图2-59 博世手钻

图2-60 法拉利599

金属拉丝是反复用砂纸刮出线条的过程，这样处理过的金属可以从亚光表面泛出细密的发丝光泽，同时起到美观、抗侵蚀的作用，使产品兼具时尚和科技元素。喷砂处理在金属表面的应用也非常普遍，其原理是将加速的磨料颗粒向金属表面撞击，以达到除锈、去氧化层或进行表面预处理等效果，如图2-62所示。

③产品色彩与工作环境

在设计中，将产品与环境视为一体是评价视觉感受协调的关键。产品的色彩和形式风格与环境的和谐是设计中的敏感问题。产品不仅是独立存在的视觉元素，也是空间环境中的一部分，其视觉审美与空间环境的视觉审美既分离又结合。

注意：如何把握从单个审美到系统审美，这是产品色彩设计的一个重要问题。

在进行产品色彩设计时，应考虑产品的使用环境。色彩不仅能影响人们的心理感受，还能反映产品的功能和特性。在寒冷条件下，暖色能增强心理上的温暖感；而在炎热环境下，冷色调和明快色彩有助于中和气氛，使操作者感到平静。特定环境下，如沙漠地带，人们可能对绿色有特别的渴求，因此产品色彩偏绿色可能更为适宜。此外，在室内或暗处使用产品时，亮色或高明度颜色更为适宜。高温场所适合使用冷调亮色，低温场所则适合使用暖调亮色。大型设备宜用中低明度颜色以增加稳定性和坚实感，小型设备宜用浅色以增加明快感和轻巧感。针对工程机械、拖拉机等设备，在自然环境的衬托下，鲜艳的暖色调可以达到对比鲜明和谐且引人注目的效果。

注意：产品的用色应有利于操作者对工作状态的观察和对操纵装置的辨认，提高观察的清晰度。在噪声大的工作环境中，这一点尤其重要，因为操作者的集中力和辨别力可能会降低。人对明亮暖色的知觉感强，而对明度低的冷色知觉感较弱。但在有背景颜色对比和噪声大的环境中，人对颜色的知觉会发生变化，如白色背景下眼睛对蓝色观感最为清晰，绿色次之；噪声环境中眼睛对暖色分辨能力下降，而对冷色，尤其是绿色的分辨能力上升。

产品的外部用色分为两种：一种是展览色，用于样本或展览会上，旨在突出产品；另一种是生产色，根据产品使用环境或用户要求选择，考虑进口国消费者对颜色的偏好和禁忌。展览会中悦目的颜色未必适合使用环境，反之亦然。

2.4 AI辅助设计师优化产品形态表达

2.4.1 形——转化抽象思维

设计师通常具备丰富的想象力和创意能力，能够根据项目需求和用户偏好进行个性化设计。他们能够运用专业知识和经验，通过草图或简单线条来表达设计概念。这些草图虽然抽象，但蕴含了设计师的创意和意图。AI绘画工具能够接收设计师输入的大致外形设计，识别草图并理解设计师的意图，进而将抽象概

图2-61 材质对产品赋予的不同效果

图2-62 金属拉丝和喷砂处理

念转化为具体、详细的图像，实现设计师的抽象思维转化（图2-63）。这一转化过程主要基于深度学习和图像处理技术。AI绘画工具还能进行风格迁移，即在保持原图内容的基础上，转换图像风格以符合设计师的期望。这为设计师提供了快速实现创意和探索不同视觉效果的新途径。

注意：尽管AI绘画工具在草图和效果图制作方面提供了便利，通过科学算法进行数据测试，并自动展示草图和3D效果，提高了设计的准确性和可视性，使设计师能更快地进行设计优化和修改，但它不能完全替代人类的审美和创意。设计始于设计师的价值意图，基于大数据的产品设计旨在利用大数据资源的优势，高效、精准地定位价值，并通过产品设计为用户提供符合其设计价值预期的产品。设计师需要运用专业知识和经验，对AI生成的作品进行调整和优化，以确保达到最佳的设计效果。

2.4.2 态——CMF的快速呈现

当我们讨论产品设计时，CMF（color，material，finishing，即色彩、材料和表面处理）是一个经常被提及的概念。CMF是形态设计中的重要组成部分，它不仅支持产品的功能和情感属性，而且能通过确定合适的色彩、材料和加工技术来确保产品性能的最优化。在产品设计逐渐向CMF中心化发展的今天，这三个要素在美学表现中扮演着越来越关键的角色。

CMF设计结合了材料技术的功能和技术特性的实用知识以及人类的无形价值观。各个行业中都存在对CMF趋势的分析。通常，用户从注意到某个产品到实际拿起它，是因为CMF设计方法赋予了产品的视觉吸引力。只有当视觉美感与功能性达到完美平衡时，产品才能提供统一的用户体验和价值，并迅速触发情感联系（图2-64）。

注意：在产品设计外观造型日益同质化的情况下，色彩和材质的创新成为体现差异化的重要手段。视觉上的新奇感往往是用户与产品建立的第一联系。产品设计的表面处理不仅能实现品牌产品的差异化，还是提升产品价值的重要方式。

手机外观设计是吸引消费者关注的关键，CMF研究是除硬件研发外投入最重的模块。华为、小米、三星、苹果等品牌都是CMF的积极实践者和创新者。例如，华为P20 Pro手机的极光色版本就是运用CMF设计的杰作。它采用了渐变结构色设计，玻璃材质的后盖在不同光照下展现出不同的色彩效果，提升了产品的颜值，并增加了用户的个性化选择。小米手机在色彩选择上非常注重时尚感和用户个性需求，提供了多种鲜艳且富有活力的配色，如梦幻蓝、暮光金等，这些色彩不仅能吸引年轻用户，还能让用户在多种场合下展示自己的个性。为了提升手机的质感和耐用性，小米常使用玻璃、金属和陶瓷等高质量材料。特别是陶瓷材质，因其独特质感和温润手感而受到许多用户的喜爱。在工艺创新上，采用纳米级激光全息工艺和双

图2-63 AI生成的婴儿车

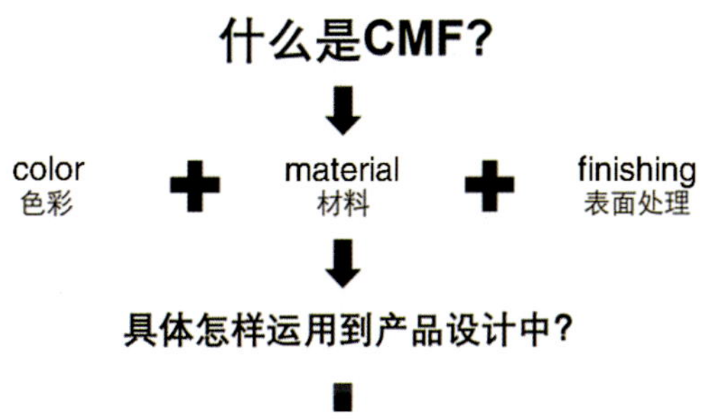

图2-64 CMF设计

层镀膜技术，在手机后壳上创造出独特的视觉效果，这样提升了手机的外观品质并增加了产品的附加值（图2-65）。

又如织物材质，其在产品设计中扮演着多重角色。它不仅与产品的整体风格和定位相呼应，还能通过合理的选择和应用，为产品赋予特定的氛围和情感。

CMF设计是将产品设计概念转化为实际产品的重要工程之一，它能够最大化地实现设计概念所表达的效果。从学术角度来看，CMF设计以产品的色彩、材料和加工工艺为触点，研究产品品质与用户心理体验的对应关系。从商业角度来看，CMF设计更多地依赖市场发展趋势和用户需求，对产品的色彩、材料和加工工艺做出相应选择，形成独特的竞争力。从方法论角度来看，CMF设计是一种重视实践、科学、艺术和趋势的设计方法。从属性角度来看，CMF设计是工业社会市场经济高度发展的产物，是一种提升产品视觉品质竞争力的专业化新型工种、设计模块和跨行业交叉学科的特殊技能。

AI绘画工具在辅助设计师优化产品的CMF表达方面发挥着重要作用。它可以通过分析企业、用户、环境、趋势以及情感等因素，为设计师提供更为理性和准确的色彩分析方案。AI工具还能提供丰富的材料库和质感选择，帮助设计师更准确地选择和应用材料。通过实时预览和调整效果，设计师可以确保设计的视觉效果与实际效果相符，提高设计的可行性和可实施性。在表面处理方面，AI绘画工具可以提供多种表面处理效果的预览，如光泽度、纹理等，使设计师在设计初期就能预见最终产品的外观效果，减少后期修改和调整的成本，提高设计效率。

以汽车设计这一庞大的产品系统为例，汽车的CMF设计范围主要包括整车的外观设计和内饰零部件设计。AI绘画工具能够对汽车车身线条、车灯设计、进气格栅等细节进行智能优化，快速生成和迭代汽车内饰设计的不同色彩和材料组合，并对汽车内饰的细节进行精细调整，如缝线样式、按键布局等。此外，根据消费者的个性化需求，AI工具能够生成定制化的内饰设计方案，满足市场对个性化和差异化的追求。通过AI绘画工具与虚拟现实技术的结合，设计师可以在早期阶段模拟出真实的内饰环境，让用户进行体验测试。这种方法不仅可以帮助设计师及时发现并改进设计中的不足，还能让用户更直观地感受到设计带来的变化和提升（图2-66）。

注意： CMF在产品设计中至关重要。AI在一定程度上可以辅助设计师优化产品的CMF表达，为前期的材料、色彩、表面工艺处理及软硬件探索中提供视觉化的表现。设计师也可以通过自己的学习积累，将知识输出到AI中寻找灵感，实现学以致用。

图2-65　华为及小米手机CMF

2.4.3 态——专注提升专业素养

设计师的专业素养是多方面的。在创意思维方面，设计师应能够提出新颖、独特的设计理念。在理念形成过程中，设计师需要持续关注文化、市场、新技术等方面的发展，并不断学习。AI绘画工具通过提高效率，帮助设计师专注于提升专业素养和回归创意本身。为了符合设计行业不断发展变化的趋势，设计师需要了解目标用户的文化背景，了解产品的使用环境，对其进行准确的产品和品牌定位。审美观念的变化是基于文化背景的，每个消费群体都有其独特的文化影响，这些影响在不断地转移、融合和演变。产品需要支持不同的审美价值和愿望，这些可以是局部的、全球性的，或两者的融合。

审美偏好与产品外形及CMF元素直接相关，同一产品的形态设计可能因文化差异而被不同感知。文化是一个民族、一个社会的灵魂，深刻影响着人们的思想观念和行为方式。设计师需要深入了解不同文化的特点和精髓，包括传统文化、现代文化、地域文化等方面，以便在设计中融入相应的文化元素，提升作品的文化内涵和审美价值。设计师可以通过阅读经典文学作品、了解历史故事、参观博物馆等方式来提升自己的文化素养，并巧妙地将传统文化元素融入现代设计中，创造出具有独特文化魅力的作品。

注意：在一些文化中，消费者可能期望在设计中看到传统与现代元素的融合，这要求设计师在设计时考虑到文化传承与现代审美的平衡。

【思政点】

在产品形态设计中，设计师可以将中国传统民族元素的形态与色彩灵活融入。这不仅是对中华优秀传统文化的传承与弘扬，更是实现民族自信的重要途径。通过深入挖掘传统元素的丰富内涵，并将其与现代设计理念相结合，可以创造出既符合现代审美又具有鲜明民族特色的产品形态。这种方式不仅能够增强文化自信心，还能够促进中华文化在国际上的传播与影响力，进一步实现民族自信。

图2-66　AI绘画工具汽车车身、内饰CMF表达

【章后习题】

一、多项选择题

1.工业设计、产品设计离不开材料与工艺的研究和运用。在对材料的研究中，材料主要有四种分类方法，是哪四种？（　　）

A.历史分类法

B.材料加工度分类法

C.物质结构分类法

D.材料形态分类法

E.材料状态分类法

2.材料在选择表面处理工艺时需要考虑哪些原则？（　　）

A.结构的合理性

B.求简的单纯性

C.功能的合理性

D.形态的时代性

E.情感的审美性

F.产品档次的经济性

G.成本

H.环境保护

3.材质设计在产品设计中的美学作用一共有四点，是哪四点？（　　）

A.提高质量

B.提高适用性

C.增加产品销量

D.增加外观质地

E.获得多样性和经济性

F.表达真实性和价值性

G.获取经济利益最大化

H.提高产品性能

二、判断题

1.产品的形态与功能有关，其形态的实现与材料、工艺、结构有关，色彩是感性的，在设计时可以采用比较绚丽的色彩让用户喜欢。（　　）

2.在白色的背景下人们感到蓝色最为清晰，绿色次之；在噪声的环境中，人的眼睛对冷色的分辨能力下降。（　　）

三、讨论题

1.举例说明形态与色彩在某产品设计中的统一和相互的关系？

2.讨论：在交通工具领域，产品结构与形态的相互关系。

四、练习题

以纸板为主材，设计一个保护鸡蛋的装置。

要求：

（1）装置连同生鸡蛋从四楼左右扔下鸡蛋不被摔破；

（2）要从外面能够看到鸡蛋；

（3）装置的主材必须是纸板，单张纸的定量不能超过300 g/m^2；

（4）设计的装置须小巧、美观；

（5）完成以上设计，思考鸡蛋为什么会摔破？如何避免鸡蛋被摔破？

参考答案及解析

3

形态造型训练基础及方法

【知识结构图】

形态造型训练基础及方法

- 3.1 从二维视图到三维形态的训练（重点 难点 实操技能）
  - 3.1.1 基于自然元素提炼的练习方法（发现元素、剖析元素、提炼元素、拓展元素）
  - 3.1.2 二维形态到三维形态的转化
- 3.2 基础几何形态的设计训练（重点 难点 实操技能）
  - 3.2.1 基础几何形态的变化与组合（分割、组合、形态元素的等级、过渡和转折）
  - 3.2.2 基础几何形态在产品设计中的应用
- 3.3 产品功能主导下的形态设计训练（重点 实操技能）
  - 3.3.1 基于产品功能分区的限量性结构异变构成形态设计
  - 3.3.2 基于产品功能分区的限量性结构异变的构成规则（经典实操案例）
  - 3.3.3 基于产品造型组织分区的形态构成规则
- 3.4 形态设计的流程
  - 3.4.1 产品研发的流程
  - 3.4.2 产品设计的流程
- 3.5 形态设计常用的方法（重点 难点）
  - 3.5.1 直角坐标联想组合法
  - 3.5.2 希望点列举法和缺点列举法
  - 3.5.3 头脑风暴法
  - 3.5.4 仿生法
  - 3.5.5 六何分析法
  - 3.5.6 形态分析法
  - 3.5.7 基于用户行为分解的设计方法
- 3.6 设计评价（思政点 重点 难点）

【学习要点】

产品外观形态实际上是产品形态美的体现，是产品造型设计的核心。其基本美学特点和规律是通过点、线、面、色彩、肌理等造型语言来表现的。这些造型语言通过材料的选择、结构的设计、工艺加工等手段得以实现，进而创造出既具有内在美学价值又有外观形态美的产品。在形态造型训练上，可以采用以下两种方法：基于自然元素提炼的练习方法和基于形态构成元素变化及组合的练习方法。

本章教学视频

3.1 从二维视图到三维形态的训练

3.1.1 基于自然元素提炼的练习方法

（1）发现自然元素

自然界和生活中的一切都可以成为设计的元素，关键在于拥有发现这些元素的眼睛。发现元素的能力既取决于个人对形象的感悟力，也依赖于观察、绘画、记录和练习的实践。获取元素的手段包括：

①直觉观察法：通过直接体验生活和细致观察周围事物来发现并获取元素素材。

②分类猎取法：根据形态类型划分来选取可用元素。

③兴趣优先法：寻找个人感兴趣的主题，以提高效率。

④弃同求异法：排除相同或相近的元素，追求独特性；将创造的形象与现实形象进行比较，以印证异同。

⑤记忆摄取法：以个人情感为出发点，在成长经历中寻找印象深刻的事物，这些往往是设计中所需的素材。

（2）对元素进行剖析

元素作为一种原始素材，类似于未经雕琢的玉石，具有转化为理想化、符号化状态的潜力。对这些原始形态素材进行深入剖析，可以帮助我们更好地塑造和发展形态元素（图3-1）。以下是四种剖析手段：

①形状分析

形态分析关注形态的外在轮廓和结构。根据状态，形状可以分为抽象形状和具象形状。按维度，形状可以进一步细分为平面形状和立体形状。根据线性结构，形状还可以被划分为实面型和线框型。例如，人脸的“甲”“申”“国”等外形特征，以及依赖强烈轮廓和鲜明造型手法表现的皮影和剪纸艺术，都是形状分析的典型应用。

②比例分析

比例分析是运用数学比例原理对形态元素进行对照分析。通过这种方法，我们可以识别出元素形态中合理与不合理的比例关系，为形态的优化提供依据。

③皮骨分析

皮骨分析关注形态的表面肌理，即质感，如粗糙感或光滑感。在平面形态造型中，“骨”（骨架）通常指的是画面的构图；而在立体形态造型中，“骨”更多地指代形态内部构造的外部特征。

④态势分析

态势分析着眼于形态元素呈现的力量倾向和运动

图3-1 产品形态设计案例

态势。这种态势的暗示作用于人的知觉，也称为“视觉张力”。例如，书法中的“气”和绘画中的“留白”技巧，都能赋予作品生命的气息。态势分析包括单个元素的形体态势及多种元素在同一环境中相互作用产生的“力场”。本书重点讨论的是单个元素的态势分析。

（3）元素的提炼

提炼元素是一个不断锤炼和凝练的过程，旨在从理解的良好形态中创造出更加精炼的表达形式。在造型过程中，设计师以现实生活中的物象为素材，通过剖析形态元素，并对其进行多次符号化的凝练与拓展，致力于塑造出理想化的形态。以下是提炼元素的一般方法：

①精简

精简是对元素形态进行条理化和简洁化处理，使形态更加简约，形象更加鲜明。具体处理方法包括：

a.条理修饰：减少无规则的繁乱变化，寻找协调因素，使形象更加规则统一。

b.提炼省略：省略非本质、非特征的部分，使复杂变为单纯。

c.“去繁就简是形式，去粗取精是实质”：强调形态中本质性、经典性的部分。图3-2最左边展示了真实的人像，通过精简的方法提炼人像五官的元素，去除无规则的部分，化复杂为单纯，可以得到右边的图。经过精简的元素变得更加单纯和有规律性。

②强化

在精简的基础上，对形态的经典特征进行强化，使其更具个性化和简洁化。强化的主要手法包括夸张和变形。夸张在具体造型上的表现是强调特征，如使大的更大、小的更小、直的更直、曲的更曲。夸张不是简单地放大或缩小，而是在强调形态特征的基础上进行。必须充分审视形态元素的形状、比例、结构、材质和态势等固有特点和关系，进而适度和恰到好处地做出变化。在精简元素的基础上，对五官元素的典型特性进行夸张处理，可以使最终的造型更加简洁，如图3-3所示。

图3-2 元素的精简过程案例

图3-3 经过强化后的元素

③意味

意味包含形态的趣味性和美的情调。形态元素的精简和强化过程是向情趣化、理想化愿望不断凝练形态的过程。形态凝练过程中的至美意味，既表现在对元素整体美的感受上，也体现在对元素的细部处理上。例如，椭圆相对正圆更有意味，而呈45°斜置的椭圆更有趣味性。图3-4展示了对动物形象元素的提炼过程，这一过程使元素在二维图纸上呈现更强烈的趣味性。通过使用简洁的点和线，这些提炼后的形态不仅遵循了审美规律，还体现了符合美学的设计理念。这样的处理手法被称为“意味”。

（4）元素的拓展

元素的拓展是设计中的一种重要处理方式，它包括多种方法，使设计在视觉上更加丰富，并具备实用功能。以下是元素拓展的四种主要方式：

①线面拓展：在保持元素形状不变的前提下，通过造型手法的变化，同一元素会呈现不同的形象。线面拓展包括线的变化和面的变化。线的变化是指使用不同种类的线条表现元素的形态，如粗细线、点画线、涂鸦线。面的变化是指采用不同的面化手法表现同一形态，如实面、点画面、线条画面等。图3-5是对精简后的纸杯元素进行的线面拓展，展示了线的变化、面的变化以及线面同时变化的效果。

②情态拓展：对元素形状进行感觉化、情态化的造型拓展，包括：

a.立体感：在平面空间内创造虚拟三维空间的方法。

b.错觉感：基于卢宾的图地反转原理，创造出视觉错觉现象。

c.光效感：通过光效创造炫目、迷惑的视觉效果，具有强烈的视觉冲击力。

d.透叠感：利用透明或半透明材质或影像技术，带来朦胧感受，具有神秘和理想主义色彩。

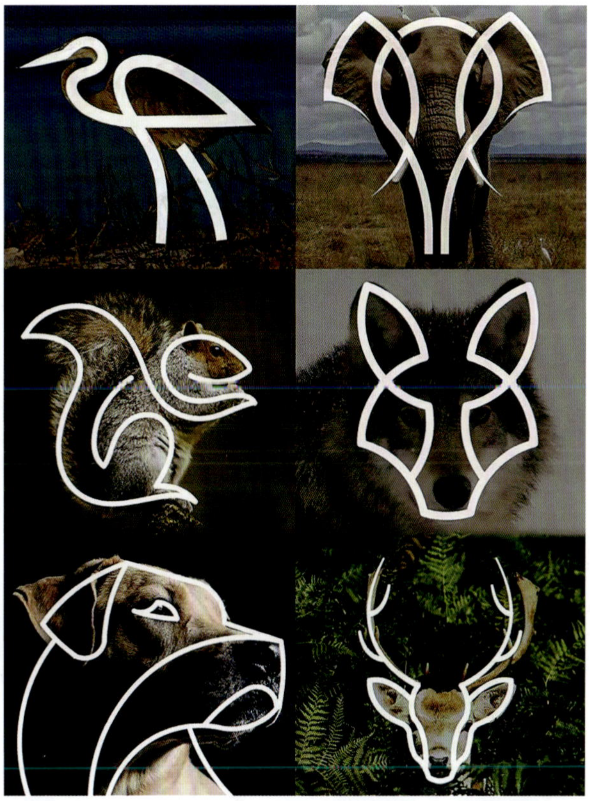

图3-4 动物元素的意味提炼

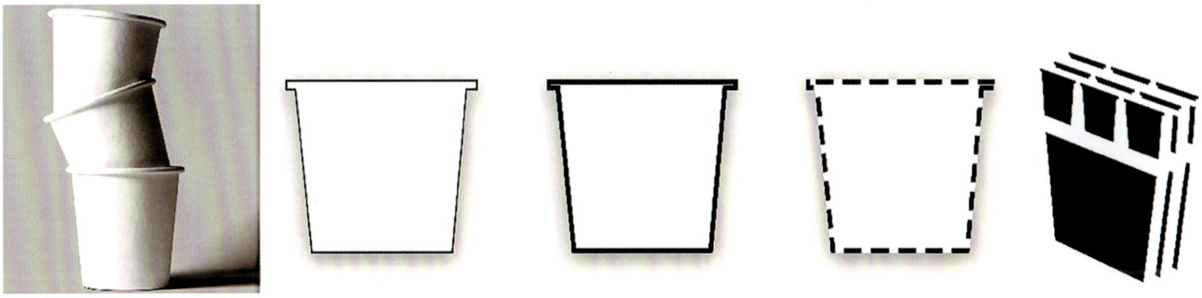

图3-5 纸杯元素的线面拓展

e.质地感：通过不同肌理的表面质地，表现同一形态，使其更加丰满和多变。

③群化拓展：在原始提炼的基础上，以单体形为基本单元，进行两个及以上的变量与组合化拓展。群化拓展主要包括：

a.重复和渐进。重复群化是在基本形态大小不变的前提下，对基本形态进行重复性量变，通过多次拷贝和组合，实现量变而形不变，如图3-6所示。渐进群化是把基本形态按照一定规律进行放大或缩小，实现量变和形变的统一，如图3-7所示。

b.突异和聚散。突异群化是一种无渐进规律的突变群化，聚散群化是按照聚散关系和疏密对比进行的群化和组合。聚散群化可以在量变不发生的情况下进行，也可以在量变和形变同时发生的情况下进行。

c.中心和正负。中心群化以假设的中心点或中轴线为支架进行左右或上下的形态群化，形成平衡的对称式组合；正负群化利用“黑与白”的转换关系进行群化组合（图3-8）。

④解构拓展不是随意地将某个形态打散或简单再组合，而是在对原形态结构和形式进行剖析后有意图地再创造。它通常有两种方式：一是对形态进行高度抽象化的分解，抽取最具有特征性的部分；二是依据形态自身的构造进行整体分解，产生若干新的形态元素（图3-9）。

图3-6 重复群化

图3-7 渐进群化

图3-8 中心和正负

图3-9 解构拓展案例

注意：在产品设计中，二维元素需要结合材质、色彩、工艺等，以呈现三维效果。设计师应结合设计的具体要求、产品功能要求、结构构造要求、材料属性等，创作新的三维形态。

如图3-10所示，左侧图是一个八卦图形的二维元素；中间图是根据八卦图设计的创意沙发的俯视图，展示了因功能设计需要而发生的变化；右侧图是沙发的透视视图，形成三维的视觉感受，用户可以观察到沙发的整体形态、块面变化及材质质感。二维元素如何运用到三维产品上，这个沙发设计的案例给我们带来了启发。对于设计师来说，二维元素到三维形态的变化，类似于正投影视图转变为透视视图的过程。

3.1.2　二维形态到三维形态的转化

正投影法作为平行投影法的一种，是投影线与投影面垂直的形体投影方法。这种方法能够真实反映线段的实长和平面图形的实际形状。因此，根据正投影法得出的三视图称为“工程图样”，在制造业中得到了广泛应用。

图3-11展示了某产品的L形正视图轮廓。然而，任何平面图都无法完全反映立体形态的全部内容。一个平面视图可能是无数个三维形态的投影，也就是说，一个平面视图设计草图可能对应无数种立体形态。在产品中，这些线可能是外轮廓线、分型线、曲面结构转折线或装饰线等。如图3-12所示，即使是相同的投影，其三维形态也可能完全不同。

以一段弯曲的弧线为例，如图3-13所示，假设它是某产品平面视图中的外轮廓线的一部分，那么与这段弧线对应的三维形态至少有以下三种基础状态：

①弧线完全是面的投影，即这一部分面是单曲面，在投影光线的方向曲率为零。

②弧线完全是线的投影，即对应的外轮廓线正好

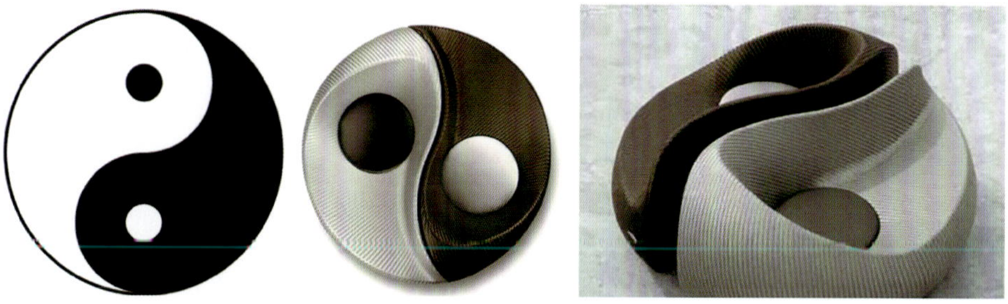

图3-10　利用太极八卦图元素进行的二维到三维转化

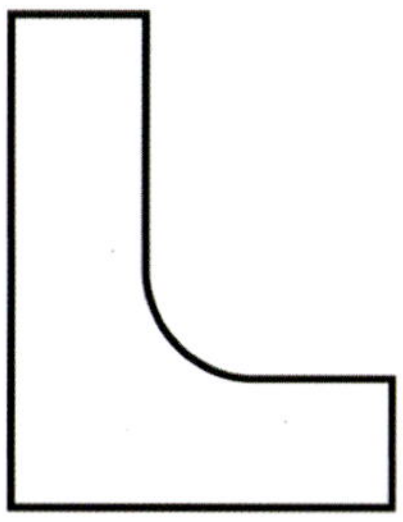

图3-11　L形正视图轮廓

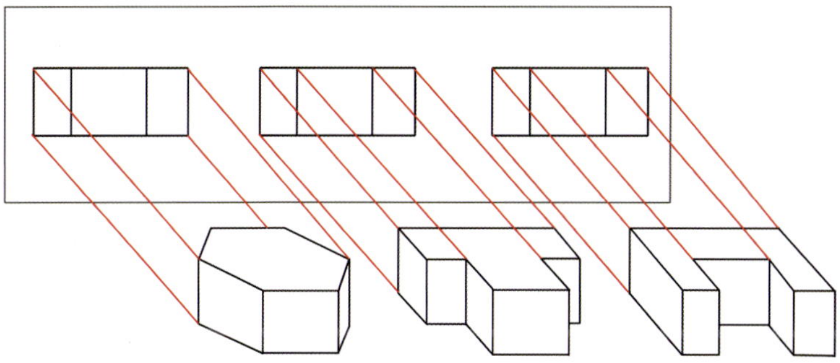

图3-12　不同三维形态的相同投影

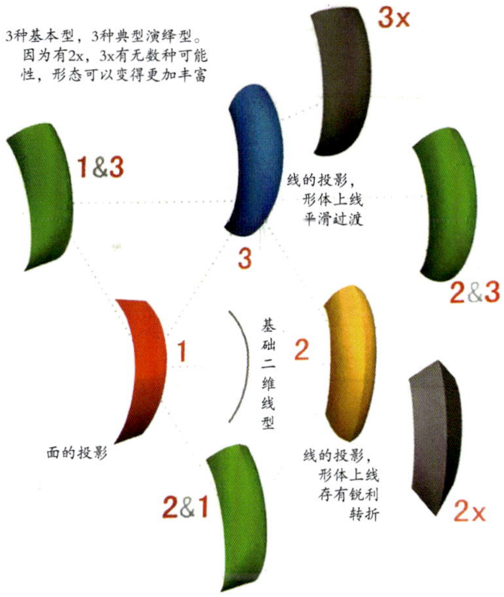

图3-13　单一弧线投影在三维物体中的各种位置和形状的多种可能性

是两个面的交界处。

③弧线完全是线的投影，但所对应的外轮廓线处并无面与面的转折。

除了这三种情况，还有许多其他可能性。如图3-14所示，将已经设计好的平面曲线分别命名为“1”和“2”，其中“1”用蓝色标出，“2”用红色标出。通过分析它们所对应的三维形态，可以看到，当曲线“1”和“2”是上述第一种情况（即均为面的投影）时，形体是简单的挤出型；当“1”是线的投影，“2”是面的投影时，外轮廓处无转折，它是一个相对圆润的造型。这两种立体形态有很大的区别，但除此之外，还有更多可能性。

如图3-15所示，左上角是两条设计好的曲线，命名为“L1”和“L2”。如果这两条线分别对应为面的投影、线的投影，那么可以产生图中的多种基本型和典型演绎型。因为有多种组合可能性，形态可以变得更加丰富。

正投影逆向演绎法对形态从二维到三维的推演具有有效性，并具备以下两个优点：

①思路清晰，易于掌握。设计从平面视图草图展开，设计者更容易依照美学法则来推敲平面图形中的尺度、比例、节奏、韵律等关系。

②可以根据分析投影的源头的不同组合来推演，有利于更多形态的演绎。

3.2 基础几何形态的设计训练

在产品设计中，基础几何形态是构成复杂形态的基本元素，主要包括以下三类：

①方形特征几何体：包括正方体、长方体、多棱柱、方锥体等。

②圆形特征几何体：包括球体、圆柱体、圆锥体、椭圆球体等。

③三角形特征几何体：包括三角柱体、三角锥体等。

所有复杂的形体都可以看作是这些基础形体的变形和组合。变形主要包括量度变化、消减、分割、积聚等。

根据连接处的形质，组合可以分为以下几种：

①空间张力：两个形体相互靠近，创造出空间上的张力。

②边接触：两个形体通过共享的边连接，形成邻接式组合。

③面接触：两个形体通过共享的面连接，同样形成邻接式组合。

④穿插：两个形体相互贯穿或叠加，形成穿插式组合。

⑤包容：一个形体将另一个形体包容其中，形成包容式组合。

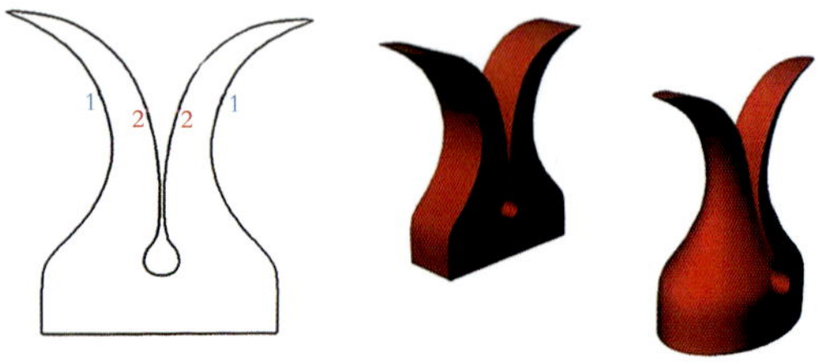

图3-14 单一视角的平面弧线表示的两种立体图形

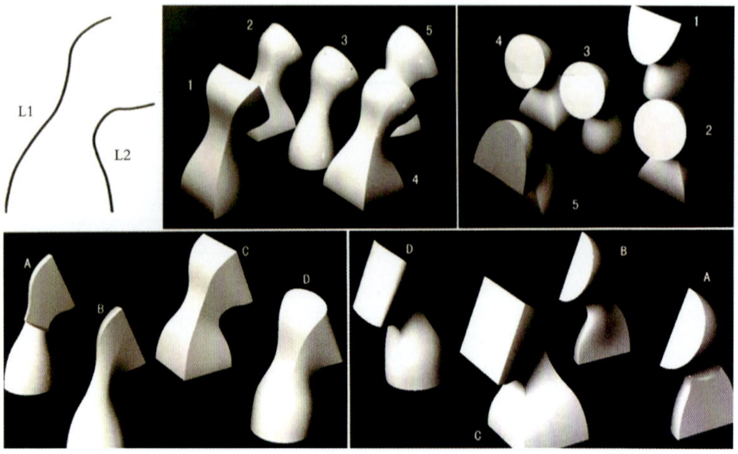

图3-15 单一视角的平面弧线表示的多种立体图形

通过这些变形和组合的方式，设计师可以创造出丰富多变的产品形态。

3.2.1 基础几何形态的变化与组合

（1）分割

分割是产品设计中常用的变形方式，它通过立体表面的分割或体块的切割产生不同的新形态。

第一种分割方式：通过立体表面的分割或体块的切割产生新形态。图3-16展示了对长方体和圆柱体采取不同切割方式后产生的新形态。同一种类型的形态也可以通过不同的几何形态和切割方式来获得。例如，图3-17展示了通过不同切割方式对八面体和正方体进行切割，都得到十四面体。

以立方体为例，我们可以通过不同的切割方式获得新的形态元素，如大小棱柱的组合、多个金字塔形和棱柱的组合、多个棱柱和平面的组合、平面和圆柱表面组合，以及球体切割所得形体组合。

网格切割法为切割基础几何形体的主要方法之一（图3-18）。这种方法是先将几何形体表面进行网格单元形划分，然后根据不同的网格单元形设计切割形体。

第二种分割方式：将立体形体切割出来的形体重新分布，组合于切割剩下的形体之上。在保证形体总体积不变的同时，可以寻找更多的形态变化组合。图3-19展示了切割后形体重新分布的例子，其中棱柱（a）可以看作是由（b）（c）（d）三种分割形体组成的。先在长方体棱柱上切割出一个体块，然后将这个体块分割成多种组合形态，最后将各部分重新安排在长方体棱柱上，可以组成各种不同的造型形态。

除了直线切割外，还可以使用斜切、弧线切割等方法。分割后的体块与母体块的连接应以形态美学为标准，注意均衡、秩序、协调和整体感。

在产品设计中应用基础几何形态分割造型的方法时，应注意以下几点：

一是保证产品外观形态的整体性与统一性。产品设计应先满足功能性需求。在确保功能性的基础上，对形态进行分割变形，以丰富其视觉审美。如图3-20所示，对立方体进行切割后，将切割下的形体变换材质、色彩并放置在原处，这样的设计手法既保证了外观形态的整体性，也维持了统一性。

二是便于运输过程中的搬运、包装及携带。图3-21的反光锥设计通过对几何形态四棱台进行挖孔和切割，赋予了其便利的叠加性。这样的设计不仅便于搬运、携带，还节约了存储空间。

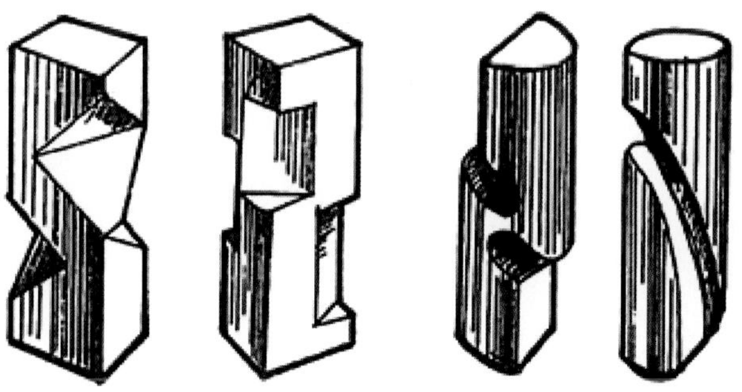

图3-16 对长方体和圆柱体采取不同切割方式产生的新形态

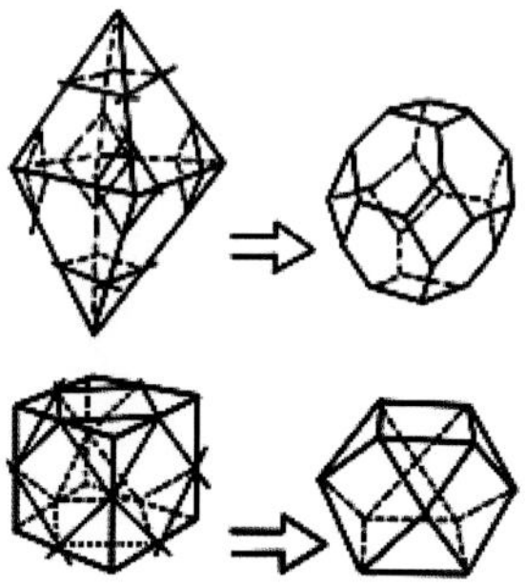

图3-17 对八面体和正方体采取不同切割方式产生的新形态

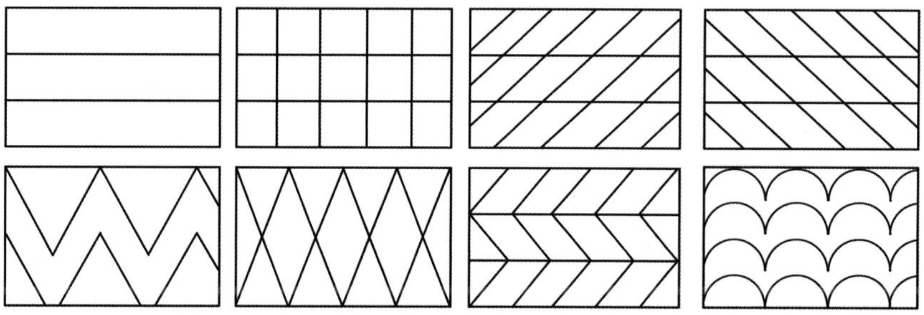

图3-18 网格分割法

三是切割后的形体相互吻合，提高环境空间利用率。如图3-22所示，在白色圆柱体上切割出正好能够捆绑线绳的区域，使两个形态相互吻合，满足了产品的功能性需求，提高了产品的利用率。图3-23展示了深泽直人对雨伞进行的切割吻合设计，也是类似的例子。

四是产品使用方式的多变性。如图3-24所示，通过切割方形形态，黑色区域创造出空间，用以容纳其他形态的物体。这些形态物体的放置不仅是出于审美需求，也可能是功能性的需要。施坦威音响中间的旋钮除了具有操作功能外，还具有信息显示的功能。

（2）组合

基础几何形态的组合包括两种情况：

一是相同或相似基本几何形态的积聚和组合。这种设计常见于积木和公共坐具中，设计时应注意以下四点：

①基本几何形态的选择：作为组合单元，基本几何形态影响最终产品形态，并应具有独立属性。

②组合方式：基本几何形态可以沿X、Y、Z三轴或多维方向进行组合。

③主体形态的把握：主体形态在产品中占据主要位置，应符合产品定位和视觉审美。

④从属形态的组织：细节形态（如造型、色彩、材质等）支撑主体形态。如图3-25所示，正方体的基本形态和从属形态（圆形显示屏、圆柱连接件）共同构成产品。

二是不同基本几何形态的积聚和组合（图3-26）。这种组合方式又分为两种情况：

①同体积大小的不同基本形态组合。

②不同体积大小的不同基本形态组合。

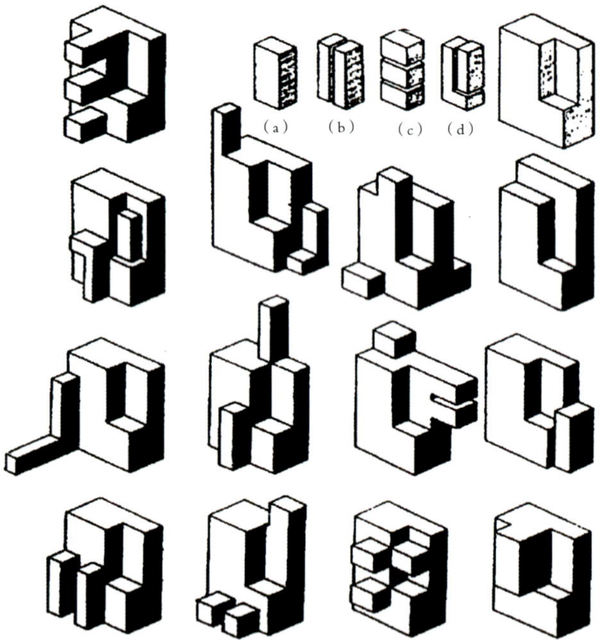

图3-19 切割后形体的重新分布

图3-20 切割后对切割部分的材质区分设计

图3-21 反光锥设计

图3-22 被切割区域与物件的形态吻合设计

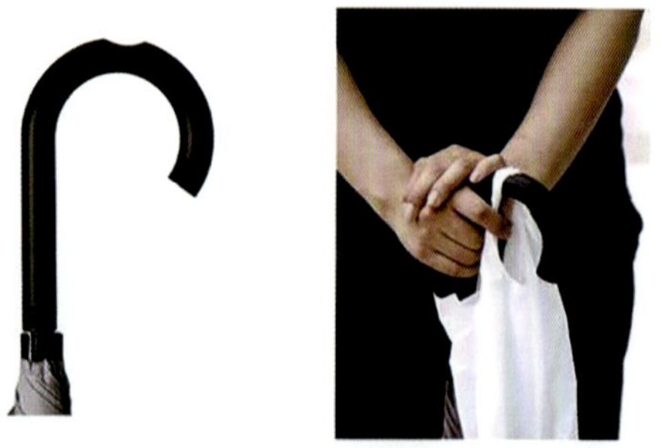

图3-23 深泽直人对雨伞进行的吻合设计

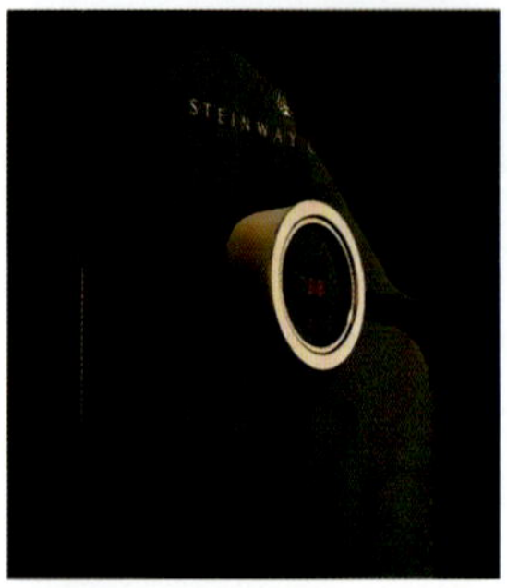

图3-24 施坦威音响中间的旋钮设计

图3-25 可进行自由组合的产品

产品设计人员应注意基本形态的选择、组合形态之间的连接方式，以及形体之间的比例、尺度关系的协调。

基础几何形态的组合方式通常有六种：相接、相切、相交、相减、相贯、重合（图3-27）。

①邻接式组合

邻接式组合包括相接和相切，表面组合元素互不相交或互不包含，使各个独立的形态元素并置，或由第三个元素组合连接起来。组合中的形态元素完整、独立。体量大的、动感强的元素处于主导地位，影响产品形态的最终表达。例如，图3-28为家用吸油烟机，其主体形态就是由接近面片形态的直棱体与四棱台通过邻接组合而成。

②穿插式组合

穿插式组合包含相交和相减，指几个形态元素相互重叠但不相互包容，元素保持本身特征。穿插式组合有两种方式：形态元素相加和形态元素相减。图3-29所示的电话机设计中，电话的形态和底座的形态相互穿插，整体表现出流畅、完整的视觉效果。

③包容式组合

包容式组合涉及相贯和重合。一个形态元素被另一个形态元素所包容，在视觉上，被包容的元素成为包容元素的内部部分。图3-30的果盘设计将苹果作为一个体块元素，由圆管形成的面片将苹果包容，从而形成新的果盘形态。图3-31展示的贝尔金iPad播放器蓝牙控制附件设计中，内外两层形态也采用了面片包容体块的围合式、包容式组合方式。

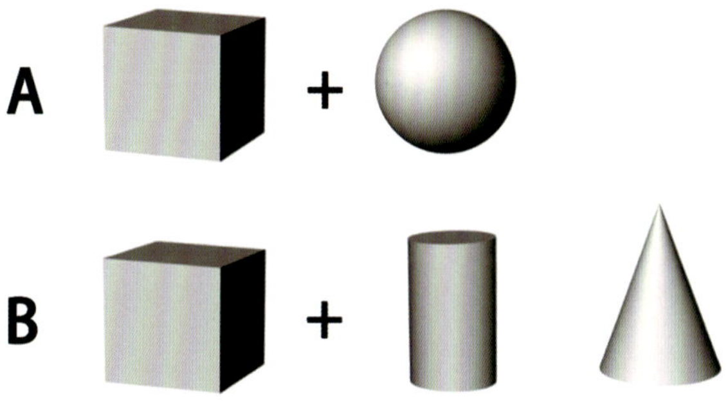

图3-26　几何形态的积聚与组合

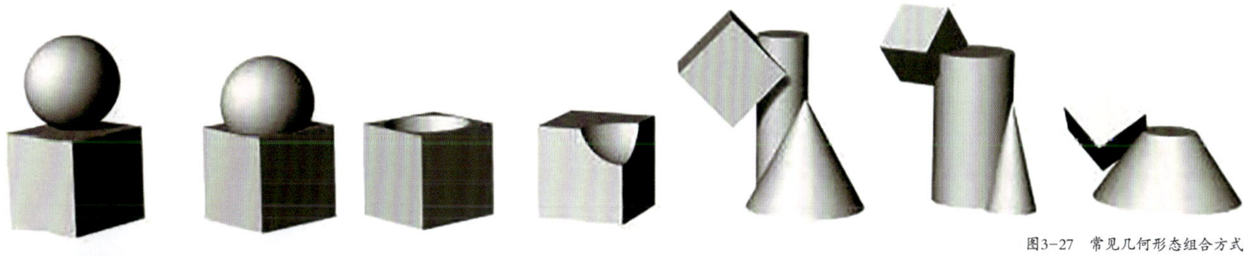

图3-27　常见几何形态组合方式

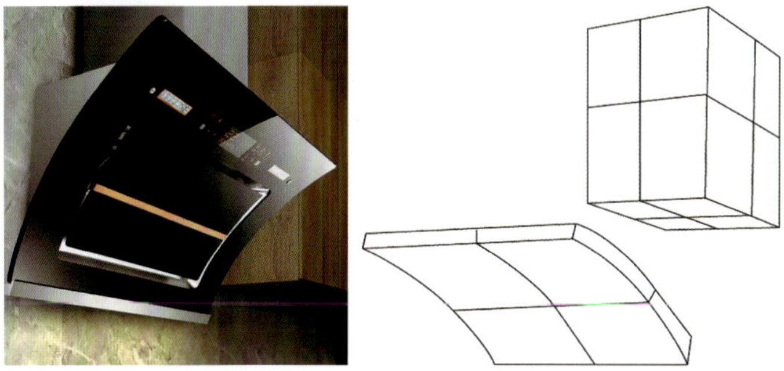

图3-28　接近面片形态的直棱体与四棱台邻接组合方式

图3-29　穿插式组合电话机设计

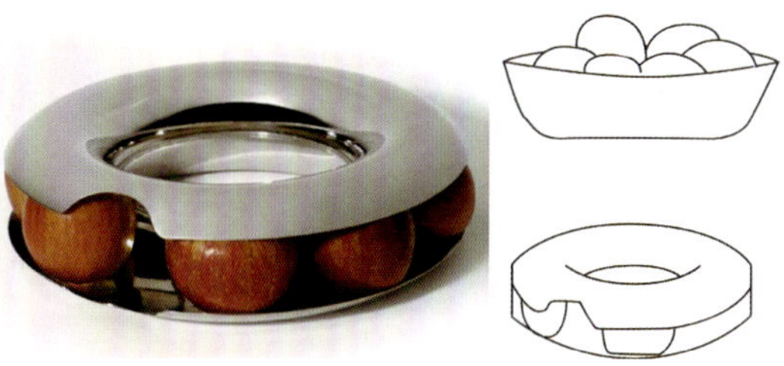

图3-30　果盘设计

图3-31　贝尔金iPad播放器蓝牙控制附件设计

（3）变化及组合后形态元素的等级

相对于产品的整体造型而言，形态元素变化和组合后各个形态元素存在等级关系。这些等级关系影响产品形态表现的整体性，是保证元素组合时达到产品形态的韵律感、节奏感等视觉秩序的重要条件。等级关系一般通过组合元素的大小、比例、动态关系等来进行区分。在形态元素等级次序中，按主次关系可以将其分为主导性元素、次要性元素、附属性元素三个等级。

图3-32展示的飞利浦闹钟设计中，半球体为主导性元素，倒角的圆柱组合为次要性元素，共同呈现最终效果。主导性元素起到主功能作用，次要性元素起到支撑作用。

图3-33展示的飞利浦剃须刀设计中，三棱柱台面为主导性元素，承载刀头的功能区域；圆柱体部分为次要性元素，是用户手持区域，起到与人交互的作用。整个产品的功能执行是人手持次要性元素，使用主导性元素的刀头部分完成剃须。

（4）基本元素之间的过渡和转折

基本元素之间的过渡和转折通常分为两种情况：面与面之间的过渡、体与体之间的过渡。面与面之间的过渡包括同一水平面上相同形状的过渡和连接，以及同一水平面上不同形状之间的过渡和连接。设计时，主要关注截面形态的设计及截面之间的位置关系。体与体之间的过渡和连接涉及水平高度差的问题。设计时，需要注意高度差的连接方式和过渡面的状态。

注意：在产品造型设计中，经常会遇到需要组合多种形态的情况，此时形态的过渡处理显得尤为重要。过渡方式主要有两种：直接过渡和间接过渡。

直接过渡：从一种形态直接向另一种形态过渡。在形态与形态的连接区域，形态转换明确，具有变化清晰、形态简洁、硬朗的特点；但直接过渡可能给人以生硬、不自然的感觉。

间接过渡：两个或多个形态在组合时，有一种或多种形态作为过渡区域出现，将不同的形态统一成一个有机的整体。如图3-34所示，同样是水龙头设计，直接过渡和间接过渡产生了完全不同的视觉效果和使用体验，适用于不同的环境和用户需求。

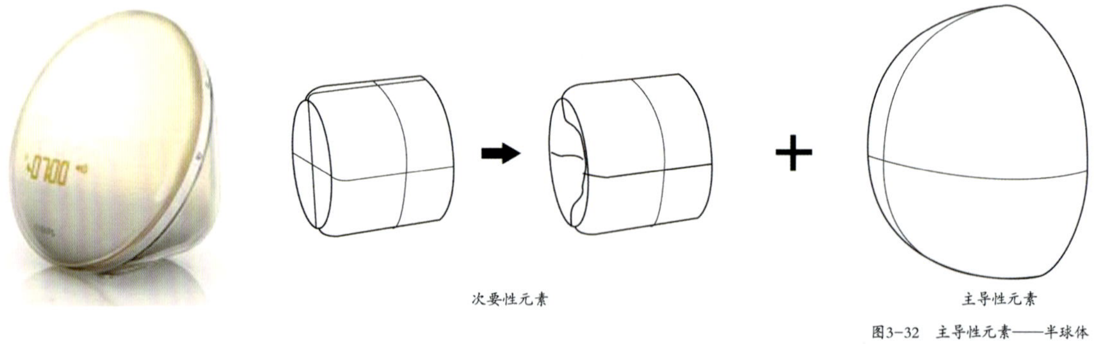

图3-32　主导性元素——半球体

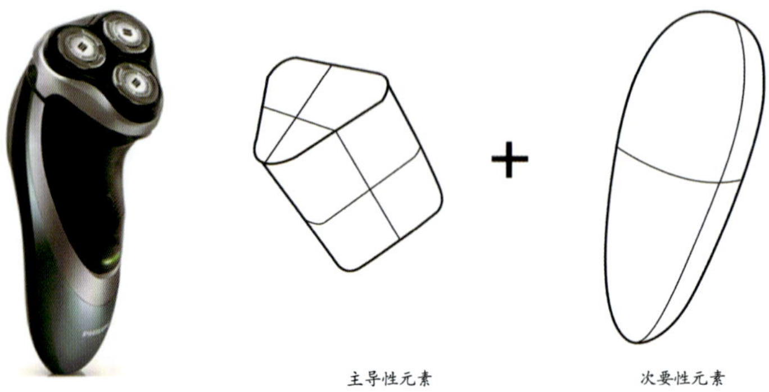

图3-33　次要性元素——倒角的圆柱组合

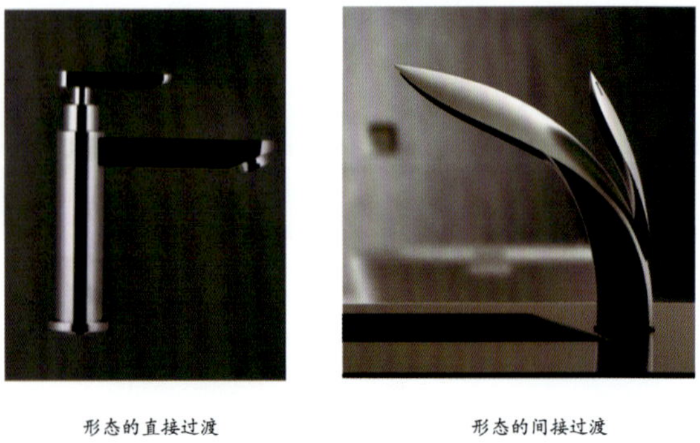

图3-34　水龙头设计的两种形态过渡方式

3.2.2 基础几何形态在产品设计中的应用

基础几何形态在产品设计中的应用通常涉及三种情况：

一是产品主体形态基于某基本几何形态。在这种情况下，产品的设计先从单个几何体开始，然后对其内部进行分割，得出各部分的细节。这种方法常见于产品设计中，原因在于几何体的关系简单，易于设计师把握，同时在制造加工、运输存储等方面具有优势。此外，现代简约的几何形态也符合现代审美。例如，图3-35的大型服务器机柜和家用冰箱，展示了在工业和家用领域中直接使用单个几何体的设计实例。

二是由多个几何体经过叠加、相减等运算得出。产品主体形态可以通过多个几何体的组合和运算来创造，这种方法在设计中通过元素之间的变化与组合进行，如图3-36所示。

三是追求形态吻合的契合形态。这种情况涉及多个相关联的产品或产品多个部件在特定位置时存在相吻合的关系。这种契合形态的产品不仅整体感强，而且具有节省空间、易于存放和取用的特点。如图3-37所示，蓝牙耳机和充电器能够完全融合为一个几何形体，充分体现了契合形态的表现方式。

图3-35　属于单个几何体的大型服务器机柜和冰箱设计

图3-36　具有几何特征的产品案例

图3-37　蓝牙耳机和充电器的一体化流线型设计

3.3 产品功能主导下的形态设计训练

产品的使用方式是产品功能与形态之间相互联系的基础。“用”使功能的目标得到最终实现，而形态是功能和使用之间的桥梁和媒介。现代工业产品的形式审美不仅是对产品表面的美化或纯粹装饰，还是产品功能的外在表现，是产品功能的传达者。在包豪斯风格发展时期，工业设计的先驱们提出“功能决定形式”的设计理论，为现代工业设计的发展奠定了理论基础。在本书中，对功能与形式的具体探讨可以立足于以下三个定义。

（1）产品的使用功能决定产品形态的基本构成

形态以功能为依据，为功能服务。功能的不同会直接导致产品形态的差异。离开功能的依托，形态就失去了存在的意义。形态如同一把双刃剑，合理的形态有助于功能的实现；反之，则可能阻碍实现预定的功能（图3-38）。

（2）产品功能的增加带来了形态的变化

当今社会，多功能的产品越来越多，这种集多种功能于一身的产品设计是人类需求、科学技术发展和市场规律的结果。新材料、新能源、微电子的发展和应用使完成单个产品所需要的材料的体积、重量和成本都在下降，多功能集成成为可能（图3-39）。

（3）审美功能的价值取向影响产品形态的风格特征

消费者的审美需求与价值取向对产品的外观形态有相应的视觉要求，以符合他们的预期体验。产品只有迎合了特定消费者的价值观念和审美趣味才能被接受（图3-40）。

3.3.1 基于产品功能分区的限量性结构异变构成形态设计

产品类别的主要差异在于其主要功能的不同。功能的界定对初步产品形态塑造有着重要的影响。即便在相同功能下，也可能有不同的造型形式，如具有相同计算功能的电子计算器和算盘。

一个产品的功能可以分解为主要功能与若干次要功能。主要功能又包含若干构件（元素），构件的结构方式对造型设计有着直接的影响。在产品设计中，这些功能的构件被限定在一定数额下，以便造型工作的展开。将产品的功能分区之后，以限量性结构的异变作为产品形态构成的规则。其主要目的是以产品欲

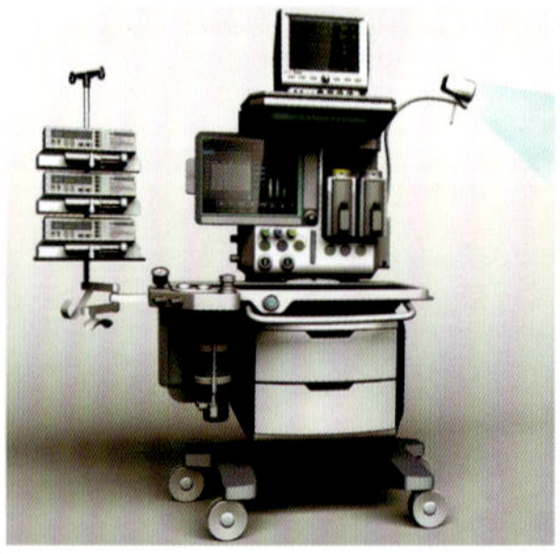

一体式台面设计麻醉机

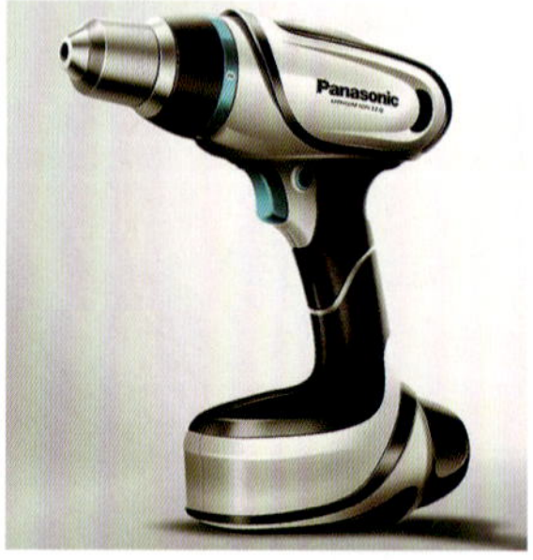

手持电钻

发动机

图3-38 使用功能决定产品形态的产品

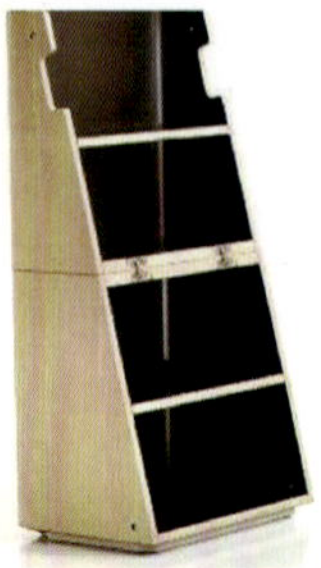

图3-39 笔筒+台灯、凳子+柜子

达到的功能（包括主要功能和次要功能）作为造型设计的基础，并将其限定在一定数量下，做结构上的变化，以寻求产品可能的造型。

注意：以功能为主导的形态设计步骤为：①确定产品的主要功能；②将主要功能分解为多个子功能，对已有的子功能按二级功能模块展开，在确保实现产品总功能的同时，根据逻辑结构顺序完成产品的最终设计。改变产品的表面属性，增加产品的文化内涵，是当前产品设计中较为常见的一种设计手法。

3.3.2 基于产品功能分区的限量性结构异变的构成规则

在形态构成规则中要注意三个变量：

①配置方式的展开（变量Ⅰ）：主要功能在结构异变上能展开的配置方式。评估标准包括各构件所占空间的合理性、整个配置在产品操作上的便利性、配置后的产品整体外观的协调性。

②立体层次的数量（变量Ⅱ）：产品各部件（组件）的排列方式，包括线性排列、同一面上的排列、三度空间的立体排列。

③尺度大小的变化（变量Ⅲ）：包括基础结构中的组件尺度大小与各组件间的空间大小的变化。

限量性结构异变法的方法及展开步骤：

①确定产品的主要功能。

②将主要功能分解为几个子功能的组合，并将其限定在一定的数量内。

③对已经限定的子功能所组成的基本结构在三个异变量的情况下展开。

④在确保造型多样化的同时，应考虑符合产品的原定设计功能。

⑤选出一个最佳可行方案。

⑥方案继续深入。

以电动真空吸尘器为例（图3-41），在设计一款吸尘器时，应遵循的步骤有：

图3-40 水瓶、行李箱

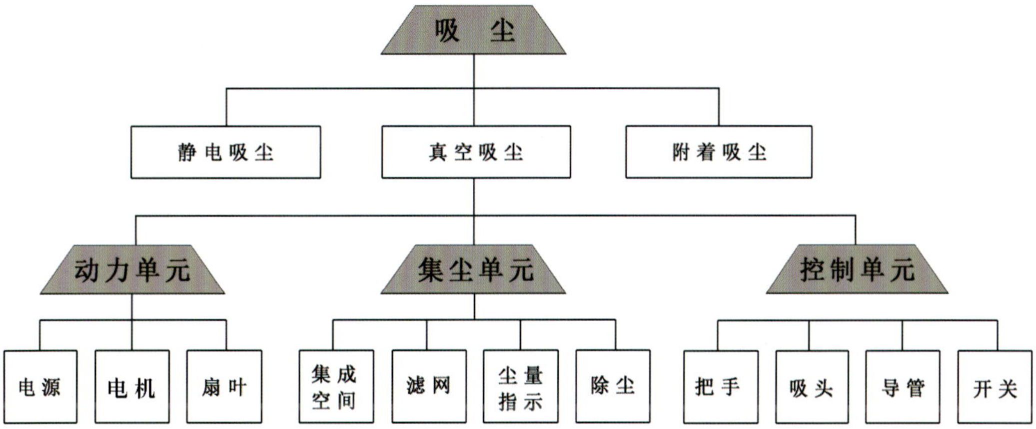

图3-41 电动真空吸尘器设计的基本划分结构图

第一步，确定产品的主要功能。该功能是在产品开发前期，根据市场调研分析的结果及市场定位来确定的。

第二步，分解产品的次要功能。真空吸尘器的基本结构包括电机、扇叶、集尘空间、滤网、吸头组件等。经过归纳和简化，可将这些组件分为动力单元、集尘单元、控制单元三个部分。

第三步，对已限定的子功能组成的基本结构，在三个异变量的条件下进行展开。其中，M代表动力单元，S代表集尘单元，C代表控制单元（图3-42）。

第四步，从以上三个异变量的造型方案中归纳出几种形式再进行发展，从中选定能达到原定功能的所有造型。图3-43为参考造型方案。

3.3.3 基于产品造型组织分区的形态构成规则

为了满足产品造型组织的不同需求，我们可以将形态进行分区，以实现多样化的造型设计。具体来说，可以根据以下三种不同需求来进行划分：

（1）功能上的需求

根据产品功能所需的组件，将其划分为几个部分来完成设计，主要从造型的经济因素来考虑（图3-44）。

（2）形的构造上的需求

将产品整体造型分解为几个部分，这样做不仅考虑到生产过程中模具的应用，也兼顾了装配的便利性及产品外观色彩等因素。

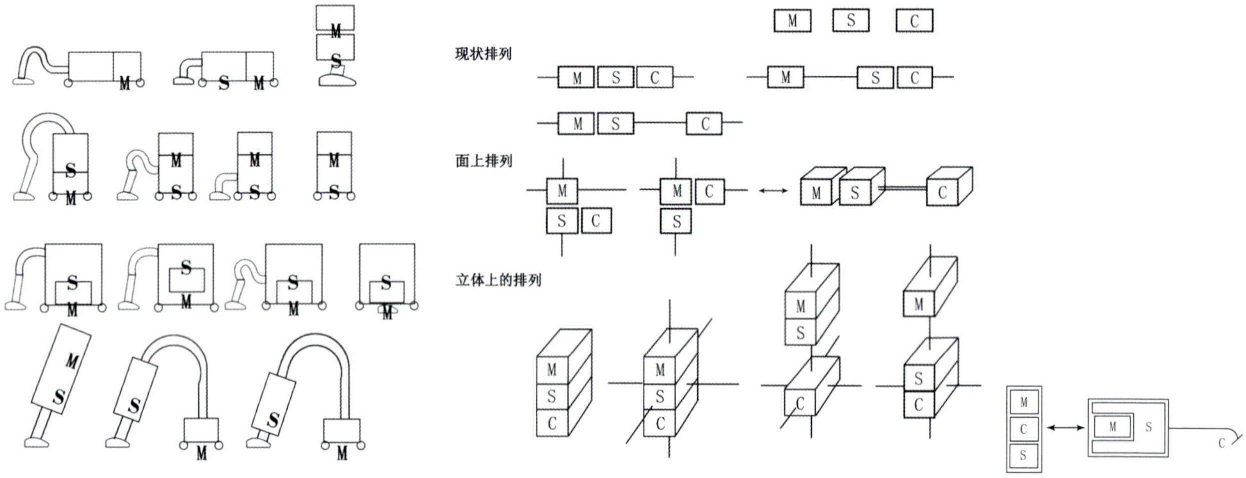

（a）（b）（c）

图3-42　各变量的配置方式

图3-43　造型方案

图3-44　传统手机的不同功能需求分析

（3）视觉上的需求

设计师可以根据个人对形态美的感受，寻找视觉上的不协调之处，并以此作为改进造型的依据。例如，对于具有相同功能的产品，可以通过改变其色彩与材质的选择，来增加产品外观的多样性。

方法要点：

①完成产品的概念性造型设计。

②确定概念性造型设计中可能需要变更的部分。

③应用功能上的需求、形的构造上的需求、视觉上的需求三种需求进行组织分区。

④在考虑各设计因素的基础上，选择一个较佳的方案。

3.4 形态设计的流程

3.4.1 产品研发的流程

产品设计流程因企业情况不同而有所区别。产品创新可以基于多种因素，包括用户需求、技术发展、环境反思、人机交互需求，以及用户审美等。

第一种是基于用户需求的设计创新案例——手钻（图3-45）。日常生活中，许多人使用手钻时会面临一些挑战，如一只手拿手钻，另一只手拿螺丝。非专业用户在手持螺丝时可能会遇到安全问题，如不及时松手可能导致受伤，或者螺丝与接触面不垂直。针对这些问题，设计师在传统手钻上附加了一个新功能，即可以卡住螺丝钉而无须手扶，满足了非专业用户的潜在需求。这种设计创新需要对用户进行跟踪观察和调研，基于大量数据来了解用户的实际需求。

第二种是基于技术发展的设计创新案例——柔性屏手持终端（图3-46）。人们对便携式大屏终端产品的需求早已存在，但这类产品一直未能普及，主要原因是技术不成熟。全球多个国家都在柔性显示技术的研发上投入了大量资源。近年来，柔性显示技术逐渐成熟，京东方、柔宇科技等高科技企业在这方面取得了显著成果。柔宇科技作为技术驱动型创新企业，成功研发了柔性显示屏和柔性传感器，并提出了“柔性+”战略，预示着柔性终端产品将在未来几年普及市场。

第三种是基于环境反思的设计创新案例。如图3-47所示，左图是日常使用的筷子，右图是许多餐厅

图3-45 基于用户需求的创新设计——手钻

图3-46 基于技术发展的设计创新——柔性屏手持终端

图3-47 基于环境反思的设计创新——筷子设计

提供的公共筷子。通过对比可以发现，公共筷子仅更换了筷子头部的部分。这种设计相比一次性筷子节约了大量木材，相比家用筷子，可以更换与人口腔接触的区域，使用起来更加卫生安心。

第四种是基于人机交互需求的设计创新。人机交互设计创新不仅包含硬件层面的交互，如按钮、把手等，也包括软件层面的交互，如App等。图3-48展示的是一款能显示电量余额的充电宝，其数字显示采用倾斜角度呈现给用户，提高了使用的便捷性和交互性。这种设计创新预示着未来人机交互驱动型的产品创新将成为产品创新的一个主要方向。

第五种是基于用户审美的设计创新。马斯洛将人类需求分为五个层次。当低层次需求得到满足后，人们会追求更高层次的需求，其中审美需求属于较高层次的需求，且人们的审美观念也在不断演变。例如，在汽车领域，曾经流行的流线型设计是时尚与希望的象征，在现代则成为了怀旧的符号。当前，很多汽车品牌在车身设计中追求棱角分明的雕塑感，并融入品牌理念（图3-49）。

不同驱动类型的产品设计流程存在差异。需求驱动型产品设计的开发流程通常为：发现需求与设想形成 → 概念发展和消费者筛选 → 商业分析 → 产品开发 → 消费者测试 → 市场测试 → 商业化。技术驱动型产品设计的开发流程则为：技术需求和应用设计 → 技术和工程可行性分析 → 商业分析 → 原型开发 → 生产测试 → 进一步开发 → 商业化。

注意：从设计流程上看，需求驱动型产品设计更加关注用户，在整个流程中根据用户需求进行调整；技术驱动型产品设计则更侧重于技术或产品本身，从技术角度对产品进行迭代，最终实现商业化（图3-50）。

产品创新的类型众多，每种类型的设计流程都有

图3-48 基于人机交互需求的设计创新——充电宝

图3-49 基于用户审美的设计创新——车身造型

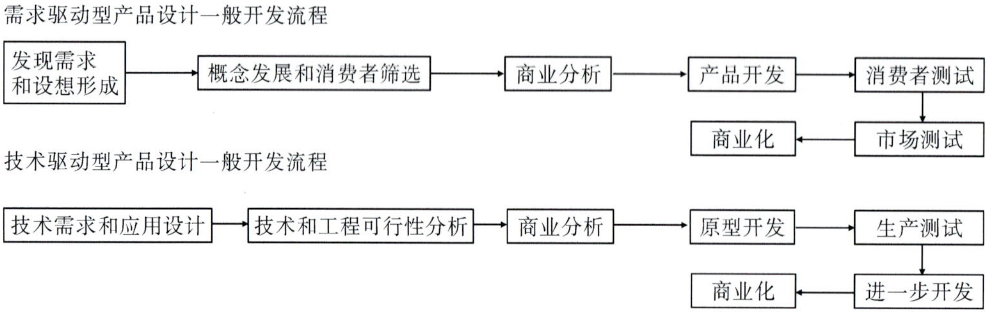

图3-50 需求驱动型产品设计和技术驱动型产品设计开发流程对比

一定的区别。但从商业角度出发，在企业中产品设计开发流程基本是相同的。图3-51展示了一张获得多数研发型企业认可的产品设计开发基本流程图，该流程图被线框分为三个主要部分：定义设计方向、产品设计展开、设计的外延及衍生。

（1）定义设计方向

这一部分是设计流程的起点，由设计师与决策者共同研究。先确定开发方向，然后确定调查内容，并对调研内容进行整理和人员分工。设计师对调研结果进行归纳总结，并归档。这是一个循环的过程，可以根据市场调研情况随时调整开发决策，也可以根据实际人员情况调整市场调研策略。在传统企业中，工业设计人员可能不参与定义设计方向的过程，但现在设计已成为商业发展的重要驱动力，多数企业在确定设计方向时都有工业设计人员的参与。定义设计方向时需考虑产品的功能、形态、价格、市场定位等。

（2）产品设计展开

在产品设计方向确定之后，进入产品设计展开的环节，即流程的第二部分。产品设计展开的过程如下：

①设计方向讨论：先对设计方向进行跨部门讨论，不仅限于设计部门人员，可邀请其他部门人员参与，利用头脑风暴法等技巧来获取更多设计思路。

②形成设计方案：设计人员根据讨论结果形成初步方案，最初通过手绘草图形式展开。草图便于快速表达和内部讨论，易于设计人员理解。

③从草图到理想方案：草图经过反复修改和讨论，逐渐发展为理想方案。这一过程可能需要多次返工，直至形成较为成熟的设计方案。

④电脑效果图：理想方案通常以电脑效果图形式展现，便于更直观地展示设计细节。

⑤跨部门讨论和设计定稿：设计人员邀请工程

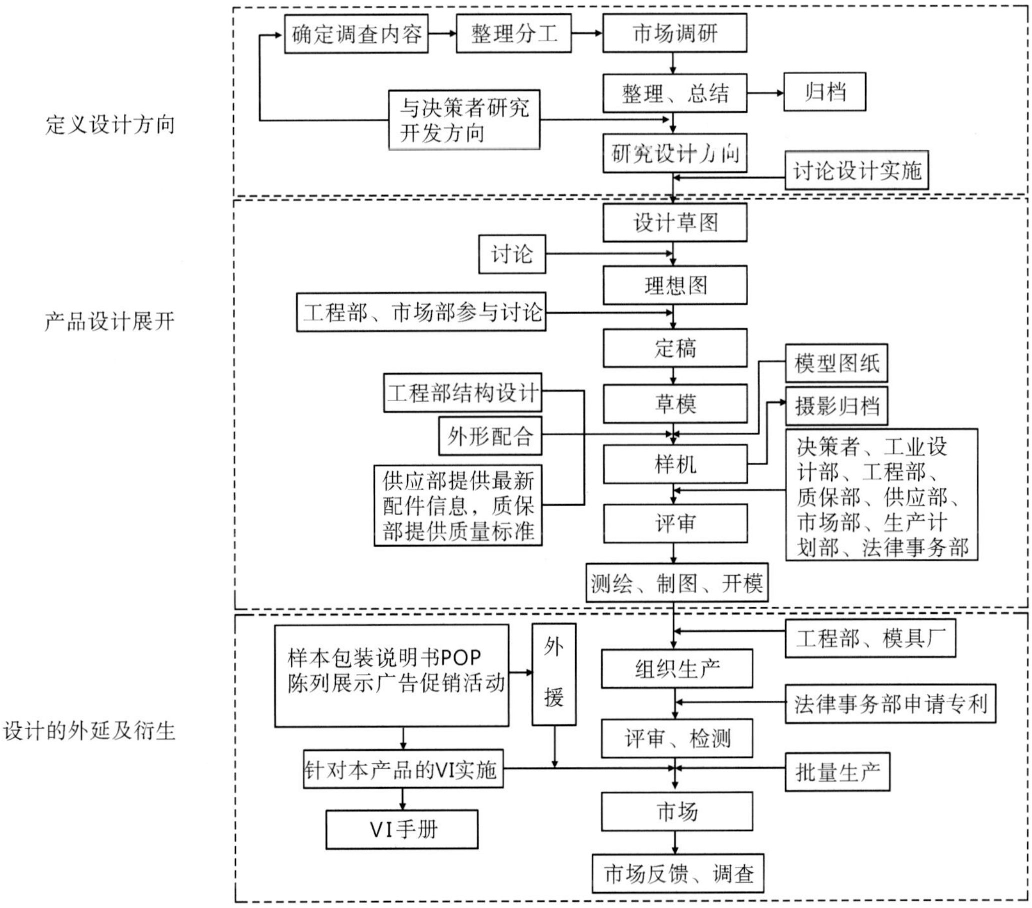

图3-51　产品设计开发基本流程图

部、市场部等相关部门人员参与讨论电脑效果图，并根据反馈确定最终的设计方案（设计定稿）。

⑥设计定稿：设计定稿在材质、尺寸、功能、部件等方面比电脑效果图更加完善，适应批量化生产的需求。

⑦制作草模：草模是对二维图纸的三维展现，主要用于讨论结构设计、外形、色彩，并与相关部门确认配件信息和质量标准。

⑧生产样机：样机是具有功能的首款产品原型，用于确认形态细节和验证产品功能。

⑨样机宣传与评审：对样机进行拍摄和宣传，与决策者及各部门共同商讨设计方案的优劣，并进行评审。

⑩批量生产准备：样机评审通过后，准备批量生产，包括测绘、制图、开模等环节。

（3）设计的外延及衍生

这一环节包括组织生产、评测、市场反馈和宣传准备等关键步骤。

①组织生产：开模结束后，与工程部和模具厂合作，进行小批量生产和试销售，同时着手申请相关的专利、商标等知识产权保护。

②产品评审和检测：将样品提交至国家相关部门进行评审和检测，以获取生产许可和市场销售许可。

③多部门协同工作：设计、工程、生产、市场等部门同步开展工作，准备批量生产。

④准备宣传推广：与广告公司、传媒公司等合作，为产品的宣传和推广做好准备。这包括包装说明书、POP（销售点广告）、陈列、展示、广告、促销等一系列活动。

⑤市场投放：在小批量生产和宣传推广相互匹配后，开始将产品投放市场。

⑥根据反馈调整策略：小批量生产后，根据市场反馈及时调整设计和生产策略，组织大规模的批量生产。

⑦设计人员的参与：在产品的生产和市场准备阶段，设计人员的参与有助于确保产品能够全面地满足用户和市场的需求。

在现代产品开发中，设计被视为重要的驱动力，越来越多的工业设计人员参与到设计的外延及衍生环节中，以确保产品从概念到市场的成功转化。

3.4.2 产品设计的流程

产品设计流程是一系列有序的步骤，旨在确保设计的高效性和系统性。形态设计主要集中在产品开发的第二个流程中，包括草图、理想图、定稿和草模的制作。

（1）草图阶段

设计草图是设计的初始阶段，包括概念图、形态草图、结构草图等（图3-52），并包含文字和尺寸标注。草图是对形态的第一次探索，是设计师表达能力和沟通方式的体现。反复的草图训练能够提升造型语言的表现力。

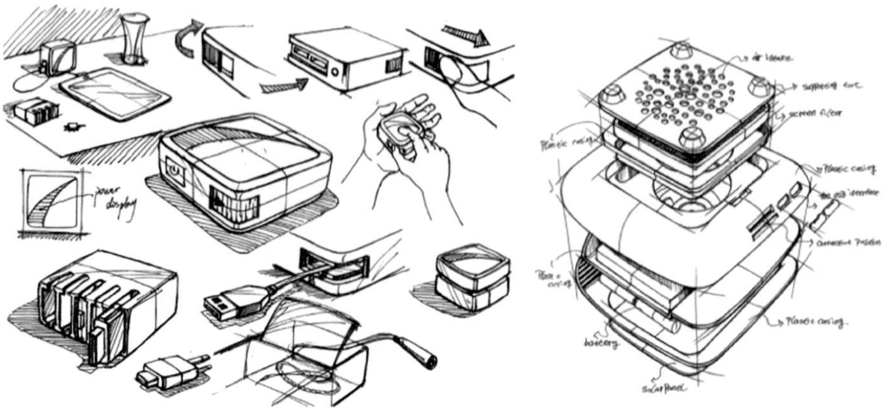

图3-52 设计草图

（2）理想图阶段

理想图分为手绘效果图和电脑效果图（图3-53）。从草图到理想图的过程中，形态会经过微调，以符合设计规律。

（3）定稿阶段

从理想图到定稿的过程是产品形态的进一步调整过程。定稿不仅包含效果图，还涉及产品的尺寸、工艺、结构细节等（图3-54）。

（4）草模阶段

从定稿到草模的过程是二维到三维的转化。在草模制作过程中，许多细节需要更加丰富和完善，形态要更加具体。同时，草模制作过程中还需对人机工程、法规、色彩方案等进行研究，以进一步优化方案。

（5）样机试制阶段

完成草模后，进入样机试制过程（图3-55），这是对设计概念的实际验证。

产品设计流程会根据企业的不同和规模的发展有所改变。一些设计师和公司提出了各自的设计流程理念。例如，有的设计师认为设计是开始、分析、构思、定案和评估的过程，每个步骤都包含多个延展，如分析阶段需要对用户、产品本身和市场等进行分析；在构思和定案阶段，则可能包括设计方法的确定、设计草图的展现、设计效果图的制作、色彩方案的选择、结构工艺的考虑，以及细节的打磨等。又如，美国Frog设计公司认为设计流程是“研究—探讨—定义—实施”的过程。这一流程包括问题研究、创意归类、视觉化研究、产品概念定义、表面处理工艺定义、规范制定和生产准备等。

注意：尽管不同的学者和公司对设计流程的描述各异，但他们都有一个共同的过程，即开始的分析过程。产品设计的过程本质上是“发现问题—分析问题—解决问题”的过程。

图3-53　手绘效果图和电脑效果图

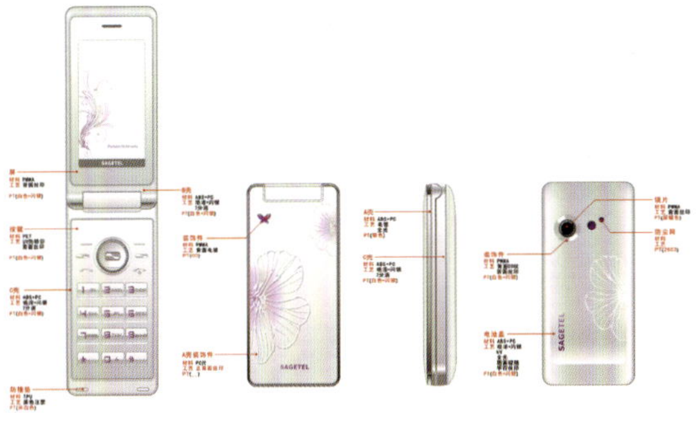

图3-54　定稿：效果图+尺寸+工艺+结构细节

图3-55　样机试制

3.5 形态设计常用的方法

学习形态设计方法的目的是使设计师更有效地发现问题、分析问题和解决问题。在掌握方法的同时，设计师需要热爱生活、愿意并细致地观察生活。目前，与设计及创新相关的方法约有400种，与形态设计相关的方法也有上百种。

3.5.1 直角坐标联想组合法

直角坐标联想组合法是在直角坐标系上标注不同的事物，然后运用联想将其组合在一起的方法。如果组合有意义并为人们所接受，那么它可能成为一件新的产品，这是一种功能复合型的设计方法。

图3-56为带橡皮擦的铅笔，这是一款典型的复合型产品，具有两种功能。关于这个产品的发明有一个小故事：美国佛罗里达州有个穷画匠李浦曼，他因为经常在作画时需要同时使用铅笔和橡皮，而感到不便，于是他决定将橡皮和铅笔头绑在一起，最终发明了带橡皮的铅笔，并获得了专利。后来，RABAR铅笔公司以55万美元买下了他的专利。

图3-56 带橡皮擦的铅笔

在使用直角坐标联想组合法时，X轴和Y轴可以标注为产品、功能或是针对问题将某事物分类。例如，图3-57展示了一个列表，在X轴上随意写出一些功能，在Y轴上随意写一些产品。通过将X轴上的功能和Y轴上的产品进行叠加，并用不同的符号进行标注，可以评估每个组合的意义和实现可能性。例如：

①水陆两用的汽车，标注为五角星，表示容易实现；

②照明用的锁，标注为五角星，表示容易实现，解决了晚上找锁孔的问题；

③健身和手机的叠加，标注为三角形，表示已经实现，如手机中的计步器和健身类App；

④雨伞和照相的叠加，画了一个叉，表示无意义。

使用该方法时，需要经过多方验证，以避免产生许多不实用的功能。

在形态设计中，功能复合型产品是一种将多个功能结合在一起的设计方法，以满足用户的多样化需求。图3-58展示了几个量产的功能复合型产品的例子。

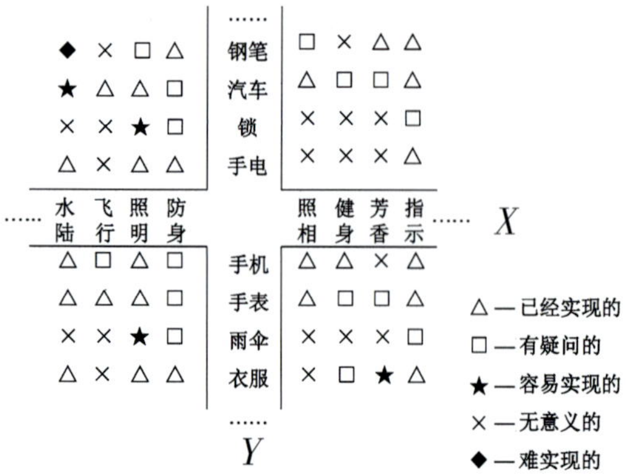

图3-57 直角坐标联想组合法练习

图3-58 功能复合型产品

一是灯具和钟表的叠加。照明功能与时间显示两个功能基本上是契合的。在20世纪八九十年代，这种叠加的产品具有很大的市场。当时，钟表的普及程度不如现在，对于广大中小学生来说，将时间显示融入台灯是控制学习时间较方便的方式。这是一款具有时代印记的功能叠加型产品，现在这种产品已经不多见。

二是具有照相功能的手机。现如今的智能手机都配备了照相功能。2000年，世界上第一款具有摄像功能的手机出现时，其分辨率仅为11万像素，配备96像素×130像素的液晶屏，拍出来的人像呈马赛克效果。技术的发展和用户需求催生了照相机技术与手机技术的不断融合，现在带有照相功能的手机普及已经威胁到一部分专业数码相机厂家的市场份额。

三是自发光功能的钥匙。这是一个概念设计，旨在解决在特定时间、特定环境下开锁的问题，即在较暗环境中找到锁孔。其设计点是将自发光功能和钥匙功能进行叠加。

四是带有计量功能的水龙头设计。该设计在西方国家非常受欢迎，具有一定的区域特性。由于东西方文化的差异，人们看待事物的标准不一样，因此相对来说该设计在我国没有那么普及。

3.5.2 希望点列举法和缺点列举法

在设计过程中，希望点列举法和缺点列举法是两种常用的创新方法。

（1）希望点列举法

图3-59展示了一次性纸杯的趣味设计。设计师针对使用时可能出现的混乱问题，提出了趣味化的设计思路。在纸杯上印刷不同性别、肤色、长相的鼻子和胡子，增加了使用的趣味性，并帮助用户快速识别自己的杯子。这种方法鼓励设计师列举出对产品的“希望点”，进而选择可行性最大的点进行设计。这些希望点可能源自生活中的小发现或简单的一句话，如“如果是这样，就好了”，这可能启发一个新的产品创意。

（2）缺点列举法

缺点列举法与希望点列举法类似，但专注于记录对产品的抱怨。例如，用户可能会问“哪个是我的一次性杯子？”通过分析这些话语，设计师可以找出设计的切入点。在生活中，对产品的希望或缺点的抱怨是无意识的且频繁的。

图3-60展示了几个应用这些方法的设计作品。

一是随身镜设计。有些女生可能会觉得在某些镜子里照出来的自己不漂亮。通过调查化妆间的环境，

图3-59 一次性纸杯的趣味设计

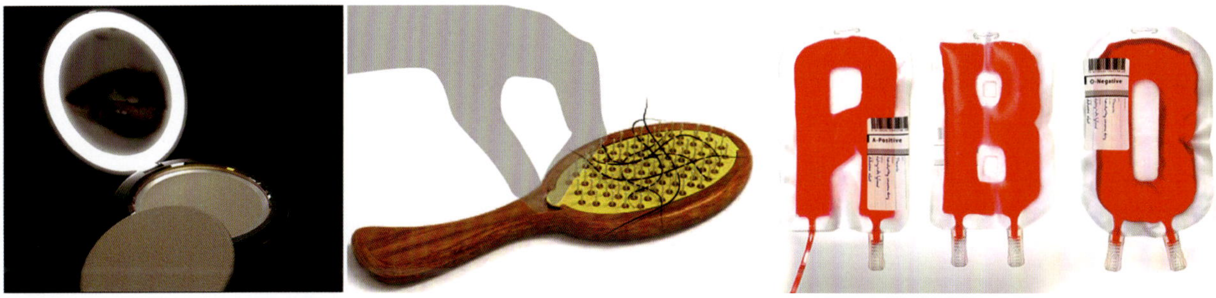

图3-60 随身镜、梳子、储血袋设计

设计人员发现灯光是影响照镜子时美观的一个重要因素。因此，设计人员设计了一款配备灯光效果的随身镜，解决了在暗处无法补妆的问题。

二是梳子设计。该设计是iF设计奖的获奖作品，源于设计者对现有梳子存在缺点的反思。新设计允许用户提起梳子下方的软垫，顺便清理梳子上的头发，提高了卫生性和易用性。

三是储血袋设计。这也是iF设计奖的获奖作品，通过简单的“A”“B”“C”字母来标识血袋，献血者和输血人员能够直观地了解血型或产品属性，减少了误操作和识别时间，提高了工作效率。

注意：对产品的希望和对产品缺点的抱怨因人而异，设计师在设计产品时不应只使用单一方法，而应灵活运用多种设计方法。例如，带橡皮的铅笔和带灯效的随身镜可能是希望点列举法与直角坐标联想组合法的结合应用，先用希望点列举法发现问题，再用直角坐标联想组合法提出解决方案。

3.5.3 头脑风暴法

头脑风暴法是一种集体进行无限制思考的方法，广泛应用于商业和设计领域。它不仅用于解决产品形态问题，也用于解决设计和商业运作问题，旨在发散思维，创造性地提出问题的解决方案。

头脑风暴法源自“头脑风暴”一词，最初是精神病理学上的用语，后来转变为一种无限制的自由联想和讨论方法。其目的在于产生新观念或激发创新设想。头脑风暴法也称“智力激励法”“BS法”“自由思考法”，由美国创造学家奥斯本于1939年首次提出，并于1953年正式发表。

（1）组织形式

a.参与人数通常为5～10人，最好由不同专业或岗位的人员组成。

b.会议时间控制在1小时左右。

c.设立1名主持人，负责主持会议，不对设想进行评论。

d.设1～2名记录员，负责认真完整地记录每位与会者的设想。

（2）会议类型

a.设想开发型：旨在获取大量设想，寻找多种解题思路，要求参与者具有丰富的想象力和较强的语言表达能力。

b.设想论证型：旨在将众多设想归纳转换为实用型方案，要求与会者擅长归纳、分析和判断。

（3）会前准备工作

a.明确会议主题，并提前通知与会者，让其有充分准备。

b.选择合适的主持人，主持人须熟悉会议类型的要点和操作要素，了解主题的现状和发展趋势。

c.参与者应具备一定的训练基础，了解会议的原则和方法。

注意：会前可进行柔化训练，帮助缺乏创新锻炼者打破常规思考，转变思维角度，减少思维惯性，以积极的创造热情参与会议。

（4）会议原则

为了确保与会者能够自由表达、相互启发和激励，实现高效率的会议，必须严格遵守以下原则：

a.禁止批评和评论：不允许对他人提出的想法进行批评或评论，即使这些想法可能显得幼稚、错误或荒诞。同时，与会者不应自我贬低。目的是调动每个与会者的积极性，避免使用任何可能抑制创意的语句。

b.目标集中：会议的主要目标是产生设想的数量，数量越多越好，以此作为会议成功的衡量标准。

c.鼓励利用和改善他人的设想：与会者应从他人的设想中获得灵感，补充或整合提出新的设想，这是激发创意的关键。

d.平等原则：所有与会人员，无论其职位或专业背景，都应享有平等的权利。所有设想，无论多么非传统，都应被认真记录。

e.独立思考：鼓励与会者独立思考，会议过程中不允许私下交谈，以免干扰他人的思考过程。

f.自由发言：会议鼓励自由奔放的发言和思考，想法越新颖、越不同寻常越好，因为这些想法可能激发出更好的创意。

g.集体利益：不强调个人成绩，而是以小组的整体利益为重，理解和尊重每个人的贡献，创造一个民主的环境，鼓励每个人提出更多更好的创意。

遵循这些原则，头脑风暴会议能够为与会者提供一个自由、开放、尊重的环境，促进创意的产生和问题的解决。

（5）会议实施步骤

头脑风暴法的实施步骤是确保会议效率和创意产出的关键，具体步骤如下：

a.会前准备：确保参与人员、主持人和课题任务明确落实。必要时，可以进行思维柔化训练，帮助参与者打破思维定式。

b.设想开发：主持人公布会议主题并介绍与主题相关的参考情况，引导参与者突破思维惯性，大胆进行联想。主持人须控制好时间，以在有限的时间内获得尽可能多的创意性设想。

c.设想的分类与整理：将设想分为实用型和幻想型两类。实用型指目前技术工艺可以实现的设想，而幻想型指目前技术工艺还不能完成的设想。

d.完善实用型设想：对实用型设想使用脑力激荡法进行进一步的论证和二次开发，以扩大设想的实现范围。

e.幻想型设想再开发：对幻想型设想使用脑力激荡法进行深入开发，通过进一步的探索，可能将创意的萌芽转化为成熟的实用型设想。

以自行车的创意设计为例，在会议中提出问题："你们希望未来的自行车是什么样的？"可能得到的想法包括把手很低的、色彩绚丽的、结构简单的、有靠背的、在超市中能够骑行的、能够进行换手操作的等。这些想法可以启发一系列设计，如图3-61所示。然而，这些设计可能仍然局限于传统自行车的概念，即通过脚踏的方式使其运动。如果进一步提问："你希望的代步工具是怎样的呢？""你希望怎么进行移动呢？"可能激发出更多的想法，如滑行的、脚踩驱动的、站着的、飞行的、风火轮的，或者是风力驱动，类似帆船的那种等。基于这些想法，可以衍生出多种关于移动方式的形态设计，如图3-62所示。

图3-61　自行车案例

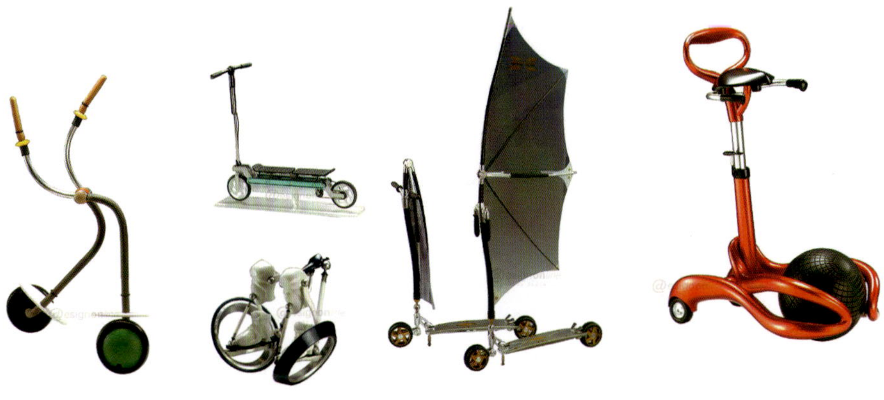

图3-62　代步工具案例

3.5.4 仿生法

仿生法是一种跨学科的设计方法，它涉及数学、生物学、电子学、物理学、人机学、心理学、材料学、机械学、动力学、工程学、经济学、色彩学、美学、传播学、伦理学等相关学科。由于仿生学和设计学涵盖了自然科学和社会科学的众多领域，因此仿生设计学的研究内容难以进行简单划分。

仿生设计学的研究内容主要基于对生物系统的模拟，并在设计中应用这些模拟，分为以下几种：

①形态仿生设计学：研究生物体（包括动物、植物、微生物、人类）和自然界物质（如日、月、风、云、山、川、雷、电等）的外部形态及其象征寓意，探讨如何通过艺术处理手法将这些形态应用于设计中。

②功能仿生设计学：研究生物体和自然界物质的功能原理，并应用这些原理改进现有技术系统或开发新产品，以促进产品更新换代。

③视觉仿生设计学：研究生物体视觉器官对图像的识别、视觉信号的分析与处理及视觉流程，广泛应用于产品设计、视觉传达设计和环境艺术设计。

④结构仿生设计学：研究生物体和自然界物质的内部结构原理在设计中的应用，适用于产品设计和建筑设计，重点关注植物茎叶及动物形体、肌肉、骨骼的结构。

注意：在国内外仿生设计学的发展中，形态仿生设计学和功能仿生设计学是研究的重点。

设计中的具体体现包括仿生物形态、仿肌理质感、仿生物结构、仿生物功能、仿生物色彩、仿生物意象六种方式。

（1）仿生物形态设计

仿生物形态设计基于人们对自然生物体典型外部形态的认知，寻求产品形态的突破与创新。这种设计强调生物外部形态美感特征与人类审美需求的表现。例如，飞利浦公司在1996年推出的三头男士剃须刀，其产品形态以男性下颚的结构特征为设计原点，表面材质也模拟肌肤质感，不仅暗示了产品的消费人群和功能创意点，也提高了产品的亲和力（图3-63）。

（2）仿肌理质感设计

自然生物体的表面肌理与质感不仅是触觉或视觉的表象，还更深层次地代表了内在功能的需要，具有深远的生命意义。对生物表面肌理与质感的设计创造，可以增强仿生设计产品形态的功能意义和表现力。蜂窝结构（cellular structure）是一种优秀的几何力学结构，由正六角形单元组成，具有广泛的应用。设计人员常模拟蜂巢的结构和肌理进行设计。例如，图3-64左边展示的是一款可折叠台灯，其采用蜂巢结构和肌理，折叠起来轻薄如书，打开后网状纹理使灯光柔和，适合卧室氛围；右边是蜂巢帐篷设计，其利用蜂巢结构和模块化设计，提供极大的推叠与延伸能力，同时保持坚固性和耐久性，比传统帐篷大幅提升了空间利用率，且易于运输和组装。

（3）仿生物结构设计

生物结构是自然选择与进化的结果，具有鲜明的

图3-63　剃须刀

图3-64　利用蜂巢原理设计的台灯和帐篷

生命特征和意义。仿生物结构的设计是人们对自然生物结构特征的认知，结合产品概念和设计目的进行创新，使人工产品具有自然生命的意义和美感特征。图3-65展示了意大利设计师门蒂尼的作品。该设计以人体头部和臂膀关节为灵感。转轴等活动结构实现外形和功能的变化，使产品不仅适应不同结构性要求，而且与仿生对象的姿态更加神似，充满趣味。

（4）仿生物功能设计

仿生物功能设计专注于研究自然生物的客观功能原理与特征，以期从中得到启示，促进产品功能的改进或新产品功能的开发。例如，鲨鱼身上没有生长藻类或藤壶，这一现象引起了科学家的注意。研究发现，鲨鱼皮肤的特殊结构——由表皮和真皮共同形成的“盾鳞”，是其皮肤摸起来粗糙的原因。这种结构赋予了鲨鱼皮肤天然的抗菌特性（图3-66）。科学家们模仿鲨鱼皮的这一功能，开发了一种名为“鲨鱼皮”的表面工程设计，能够阻止细菌在其表面生长。这项技术已被应用于贴膜类产品，服务于需要防菌的用户，甚至开发了新型产品，如防细菌感染的导尿管等。

（5）仿生物色彩设计

自然生物的色彩不仅是生命存在的特征和需求，也是自然美感的重要组成部分。其丰富、纷繁的色彩关系与个性特征对产品的色彩设计具有重要意义。图3-67的几款仿生椅子，不仅造型神似花朵，同时色彩斑斓绚丽，为家居生活增添了缤纷多彩的视觉效果。

图3-65 螺旋形开瓶器

图3-66 鲨鱼与显微镜下的鲨鱼表皮

图3-67 仿生座椅

（6）仿生物意象设计

生物的意象在人类认识自然的经验与情感积累的过程中产生，对产品语意和文化特征的体现具有重要作用。如图3-68（a）所示，克拉尼的茶具设计采用了卵形特有的曲线，这不仅赋予了产品独特的光滑外表和适应性，而且考虑到卵形在受热时的均匀性，可以快速均匀地传热。Alessi公司设计的小鸟哨音水壶则采用了圆锥形设计，并在手柄部位考虑了用户的倾倒便利性，但最具特色的是壶口处的小鸟形态，不仅造型独特，而且在水开时能发出鸟鸣声，以提醒用户，如图3-68（b）所示。

注意：在具体的产品设计中，设计人员需要根据产品特性和设计方案，选择自然界中的生物，对生物的功能、结构、色彩、形态等进行分析、提炼、简化，并在此基础上进行仿生设计。因此，仿生设计不仅是一种形态设计的方法，更是一种系统的解决方案思路。

3.5.5 六何分析法

六何分析法源自六个英文单词：what、when、where、who、why、how，在产品设计中是一种全面考虑设计要素的方法。这种方法要求设计师在设计过程中回答以下问题：

what：设计的目标物是什么？

when：目标时间是多久？产品何时使用？

where：目标地点在哪里？产品将在哪种环境下使用？

who：目标使用人群是谁？产品为哪些用户设计？

why：为什么要采用某种设计方案？解决方案的原因何在？

how：如何实现这些设计？包括设计的具体方法和实施步骤。

此外，还须考虑how much，即任何批量生产的产品都须考虑成本、运输、售后等市场化问题。

注意：在产品设计中，目标人群、目标地点、目标时间对设计目标物有深远的影响。设计人员须给出具体的答案，解释为何这样设计，并思考具体的实现方法和成本。六何分析法不仅有助于发现问题，还能提供解决问题的思路，是一种综合运用的设计方法。

图3-69展示了梵品（上海）运动用品有限公司设计的一组健身器械产品。这组健身器械与市面上常见的器械有显著不同，其特点包括体积较小和大量使用木材而非黑色塑料件，产品具有明显的家居属性，融入现代化家居风格。结合六何分析法逆向解读该系列产品设计方法，可以得出以下结论：

①what

设计目标物是小型化且适合家居风格的健身产品，提出运动家居的理念。运动家居是一种新型业态产品，结合了运动和家居属性，包括家具、家电、装饰装修等，具有运动健身、休闲娱乐功能，成为民用空间、办公空间中的新型组合元素。设计团队将目标物定位为与家居空间高度匹配、和谐互融的时尚家居健身单品，旨在打破健身器械设计的壁垒和刻板

（a）

（b）

图3-68 茶具、小鸟哨音水壶

印象。

②when

对时间的解读分为两个方面。一方面，团队的时间管理。该团队自2017年开始研发产品，并在同年推出了第一款产品——健步机。在众筹平台上取得成功后，团队于2018年推出了较为全面的系列产品。另一方面，用户对产品的使用时间。调研显示，大多数用户购买传统健身器械后，随着新鲜感消失，产品多数时间处于闲置状态。而该系列产品因其小型化特点，鼓励用户利用碎片化时间进行健身，有助于养成健身习惯，并将健身融入生活和工作中。

③where

该系列产品的设计主要解决传统健身类产品常忽略的环境问题。设计初期就考虑了环境因素，解决了产品与环境的融合关系，使产品不对环境造成破坏，甚至起到促进环境空间升级的作用。产品设计中大量使用木质元素，增强了产品在环境中的亲和力，实现了人、产品、环境的和谐共生。产品的使用空间不局限于家庭，也适用于办公、娱乐环境，甚至可以打造以家居健身为主题的酒吧、民宿等空间（图3-70）。

④who

目标用户是有健身需求、消费升级需求的用户群体。设计旨在满足99%的非专业人群的运动需求，并通过趣味化设计手段，将产品融入99%的用户生活中。

⑤why

在国家全面大健康政策和消费升级背景下，健身市场成为新经济增长的重要动力，健身器械市场规模达到千亿级别。我国拥有完整的产业供应链，健身器械市场连续十年增长。该系列产品设计针对现有健身产品的问题，如定位过于专业、原创度低、忽视环境因素等，设计出一系列适合普通用户、可利用碎片化时间健身的产品。

⑥how

实现这些设计涉及众多设计和生产细节。例如，该系列产品采用环保材料，工艺要求极高，制造商按照高端家具的生产工艺来打造。健步机上的木材就经过200次热弯模压测试、12道工序、6道人工打磨等。

以上是对此系列产品的逆向解读过程，虽不能完全还原原创设计人员的方法和构思，但展示了六何分

图3-69 健身器械产品

析法在设计中的广泛应用。

3.5.6 形态分析法

形态分析法是将问题分解为多个独立但相互关联的要素的方法。将这些要素以网络或矩阵的形式进行系统性排列组合，可以产生一系列解决问题的方案和设想。例如，在创造一种新的交通工具时，可以将交通工具分为工具类型、运行介质和动力源三个参数。对这三个参数内的要素进行不同的排列和组合，可以得到一些创新的线索。如图3-71所示，如果工具类型是床，运行介质设定为无摩擦平面（容易联想到水面），动力源为压缩空气，这些组合就可以为气垫船的设计提供创新的线索。形态分析法能够为设计者提供新的视角和解决问题的线索。

图3-70　健身器械产品使用场景

参数1	参数2	参数3
工具类型	运行介质	动力源
马　车	空　气	压缩空气（气垫船）
椅　子	水	内燃机
网　兜	油	电　机
床	铁　轨	蒸　汽
地　毯	滚动的东西	吸引（磁场）
管　子	固体表面	排斥（磁场）（悬浮列车）
球	硬　面	运动钢锁
火　箭	无摩擦平面	传送带
有翼物体	真　空	原子能
辊　子	磁　场	太阳能
滑　轮	黏滞物体	空气压力
潜水艇	不黏物体	地热能

图3-71　运用形态分析法创造一种新的交通工具

3.5.7　基于用户行为分解的设计方法

这种方法涉及将用户对产品的使用过程进行分解，思考在特定时间、地点和用户群体中可能遇到的问题，并进行分析，以得出解决方案。以家用电源插座设计为例，虽然它是一个技术含量相对较低的产品，但厂商通常通过改变外观设计来提升产品的市场竞争力。电源插座的常见尺寸为86 cm×86 cm，也有146 cm×146 cm的规格。家庭中安装电源插座的常见位置包括离地面30～40 cm和120 cm左右的地方，以及离天花板70 cm左右的位置，后者通常用于空调专用插座。电源插座的材质可以是塑料或金属，颜色有白色、黑色、金属色、金色等，以满足不同用户的审美需求。设计者在设计电源插座时，需要考虑国家标准的规定，如电源插座的额定电流应大于已知使用设备额定电流的1.25倍。

注意：这些信息对设计者在设计前进行信息梳理具有重要的参考作用。此外，尽管电源插座操作简单，但其使用的安全性和可靠性始终是用户关注的重点。设计者需要在设计中充分考虑这些因素，确保产品的安全性能。

设计师通过任务分析和对用户使用行为与人机之间相互作用的了解，发现电源插座设计中存在的问题，从而通过新的设计，改善产品的性能，这是设计创新的有效途径。

思考一下这类产品的用户使用体验。

首先，一般的电源插座虽然是五孔设计，即一个匹配三相插头，另一个匹配两相插头，但在生活中，使用两相插孔时，三相插孔的位置往往会被挡住一部分而无法使用，这是非常不方便的。查阅一些资料后可以得知，五孔插板的设计初衷是厂家为用户提供了使用选择性。厂家并不知道使用者买回电插板后是使用二相插孔还是三相插孔，所以在有限的面积内提供了两种选择。其设计初衷是在保证安全的前提下给用户提供方便。但是，用户花费了五孔的费用却只能使用其中一种功能，这会感觉不经济。

其次，在多数寝室、教室和家庭环境中，这种电插板所在的位置使用起来并不方便，用户需要蹲下、弯腰，甚至有的还要搬开某种产品才能使用到电插板。普通的家用电插板还有很多的不方便，如缺乏用电反馈等。

接下来使用基于用户行为分解的方法来思考这类产品的解决方案。针对用户将插头插入插座的动作，可以将其行为简单地分解为四个步骤（图3-72）：

步骤一：手握插头，考虑插头是否适合手型，是否容易握持。

步骤二：寻找插座，思考三个不同位置的插座需要三个不同的动作来处理位置与位置之间的关系。

步骤三：将插头插入插座。该步骤需要眼、手的配合，需要反馈安全用电这一核心要素。动作要与通电过程相分离，以保证安全。

步骤四：验证是否有电并开始使用电器。考虑产品是否有通电反馈，能否展现安全用电这一信息。

将需要思考的问题做深入思考并转化成设计方案，针对步骤二的问题，设计一个具有倾斜面的插板，提高使用效率，用户无须蹲下即可使用（图3-73）。同时，针对步骤三插头易掉落的问题，设计固定插头或电线的方案（图3-74）。在设计电源插座时，通常的做法是延长电线和插头部分，以便用户能够方便使用。然而，采用逆向思维，我们可以考虑将插座本身延长，这样的设计可以提供更多的便利和灵活性。

在产品设计过程中，深入分析产品的使用过程并将其逐一分解，有助于发现问题并提出多种解决方案。设计师的工作重点不仅在于搜集外部信息，还需要结合用户行为的分析来识别问题所在。通过这种方法，设计师能够更深入地理解用户需求，从而利用收

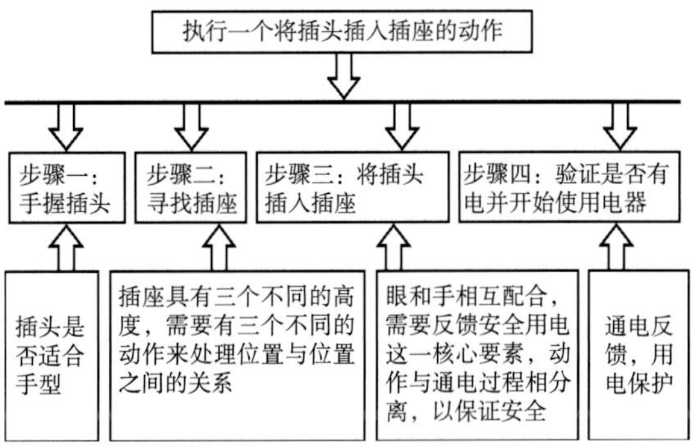

图3-72　用户插入插头的行为分解图

集到的外部信息来解决设计中遇到的问题。在定义问题的同时，设计目标也变得明确，使设计人员能够更加精准地针对特定的问题和需求开展工作。

设计人员在创新过程中，通过结合六何分析法——即时间、地点、人群等要素，能够深入思考并发现产品设计中的多种问题。特别是当特殊时间、地点和人群的需求被纳入考虑时，设计人员能够识别出更多细节性的问题，并据此提出相应的解决方案。例如，在黑暗环境下使用插座时，由于光线不足，因此用户在寻找插座或插入插头时可能会遇到困难。为解决这一问题，可以为插座增加定时功能，或在设计中采用发光材料，以便在光线不足的环境中更容易被用户发现和使用。此外，特殊地点如潮湿环境或人群集中的地方，也需要特殊考虑，以确保插座的安全性和便利性。针对特殊人群（如视弱人群），设计人员需要考虑如何使插座更易于使用，如通过增加引导槽来帮助他们更容易地插入插头。

市面上的一些创新插座设计，如图3-75至图3-77所示，已经考虑到了这些因素。图3-75展示了基于时间的设计解决方案，允许用户根据不同的需要设置插座的定时功能。图3-76展示了基于地点的设计解决方案，包括为桌面使用设计的插座和具有多个面的插座，增加了使用的灵活性。图3-77展示了基于人群的设计解决方案，如结合鹿角形态的趣味化设计，

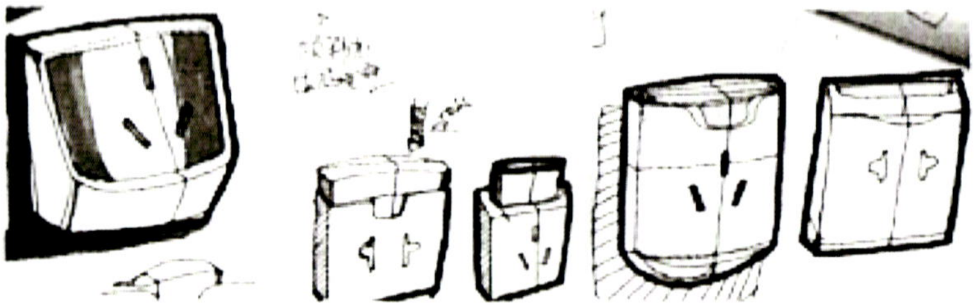

图3-73　根据步骤二完成的设计改进方案

图3-74　根据步骤三完成的设计改进方案

图3-75　基于时间的设计解决方案

为手机充电时提供支撑，以及为视弱人群设计的带引导槽的插座。家用插座虽然形态基本一致，但通过细致分析用户在不同时间、不同环境下的使用过程，设计人员可以发现并解决许多使用问题。这种基于用户行为分解的设计方法不仅关注形态设计，还强调形态与功能的结合，两者相辅相成。

注意：设计分为基于本能水平的设计、基于行为水平的设计和基于反思水平的设计三个层次。对用户行为进行分解的设计方法主要针对用户行为水平的设计，要求设计人员仔细观察用户对产品的使用过程，将其行为动作进行分解，并结合六何分析法进行设计。

3.6 设计评价

形态设计是感性的，没有绝对正确的评价标准。设计服务于人，旨在通过优秀的设计产品提高人们的生活质量。一个好的设计立意要高，可以总结为三个要点：一是帮危扶困，二是救危救难，三是可持续性的设计。

【思政点】

帮危扶困：设计的着眼点应关注正常用户和特殊群体，特别是那些不常被关注的人群。特殊群体对产品的使用需求与正常人有区别，设计人员应针对这些具体需求进行设计。图3-78展示了一个设计比赛的获奖作品，专为腿部残疾用户设计的卫生间。通常残障人士使用的卫生间面积较大，以适应轮椅转头的空间需求。该设计展示了残障人士如何使用特殊卫生间：坐着轮椅进入，借助马桶上的辅助工具和侧面的扶手，将自己从轮椅移动到马桶上，并在如厕后安全返回轮椅。这种设计不仅节约了公共空间，还关注了残障人士对产品的使用便利性。

救危救难：设计人员应关注特殊情况下的设计，尤其是面对灾难情况的设计。这包括地震时保护人的产品、地震后救灾类产品、对落海人员实施救援的产品等。图3-79展示的是西华大学2018年红点设计大赛获奖作品，名为“能获得淡水的救生圈”。该设计在救生圈上设有海水储存区，通过阳光照射下的蒸馏过程，将海水转化为淡水，供应海上受困者饮用，是一种典型的救危救难设计。

图3-76 基于地点的设计解决方案

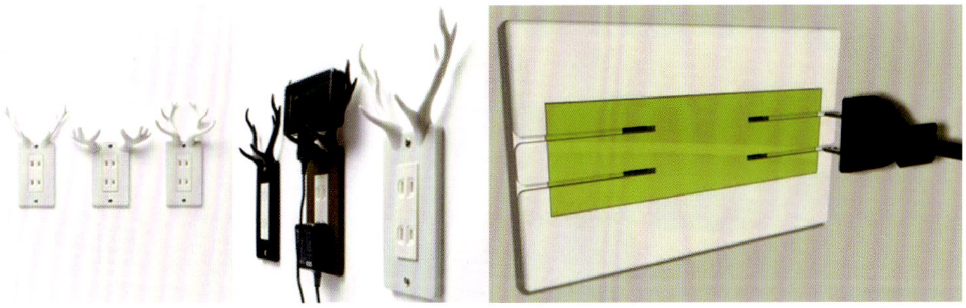

图3-77 基于人群的设计解决方案

可持续性的设计：可持续性设计不仅面向现在的用户，更着眼于未来和地球环境的保护。绿色设计作为可持续性设计理念的一部分，包含大量可持续性设计的内容。

红点设计大赛是工业设计领域三大设计比赛之一，其评价标准具有较高的参考价值。评价主要从功能要素、结构要素、形态关系、人机关系、环境要素五个方面进行。具体的评判标准包括：

①革新度：产品设计概念是否创新，或是否为现存产品的新颖延伸。

②美观度：产品设计概念的外形是否悦目，是否符合主流审美。

③实现的可能性：现代科技是否允许设计概念的实现，以及在未来一至三年内是否有实现的可能。

④功能性和用途：设计概念是否满足操作、使用、安全及维护方面的需求，是否满足特定需求或功能。

⑤生产效率和成本：设计概念是否能够在合理的成本内实现生产。

⑥人机工程学和与人之间的互动：产品概念是否适用于终端使用者的人体构造及精神条件。

⑦情感内容：产品概念是否能提供感官品质、情感依托或其他有趣的用途。

注意：通过历年的红点设计大赛获奖作品，我们可以观察到产品设计评价的多样性和深度。不同的产品根据其特定的用户群体和使用环境，会有不同的设计侧重点：有的侧重美观性，有的侧重功能性，还有的侧重情感价值。

产品形态设计受到设计美学、结构设计、感性工学、经济与环境等众多因素的约束。这些因素共同影响着产品形态的最终呈现。科学合理的评价体系和评价方法需要反映产品形态属性，同时反映用户对产品形态的认可度。产品的形态评价通常基于造型、材质、工艺、色彩等多个方面。

产品形态设计评价体系的构建需要遵循以下基本准则：

①与美学法则相结合的准则：评价指标应与美学法则结合，在考虑时代特征的同时，审核造型的美观性，反映产品设计的美的本质与规律。

②与产品属性相结合的准则：评价指标体系应涵盖影响产品的各项要素，细致描述产品特征，包括需求要素、消费者特征、市场竞争等。

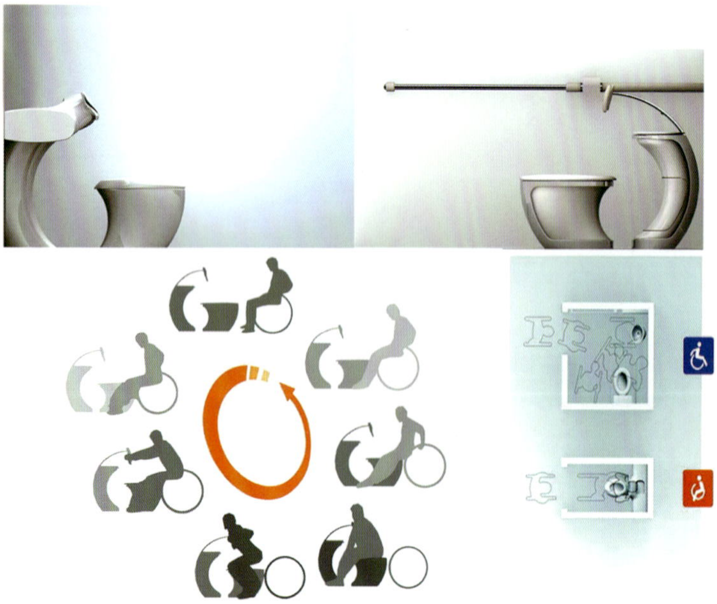

图3-78 为残疾人设计的马桶

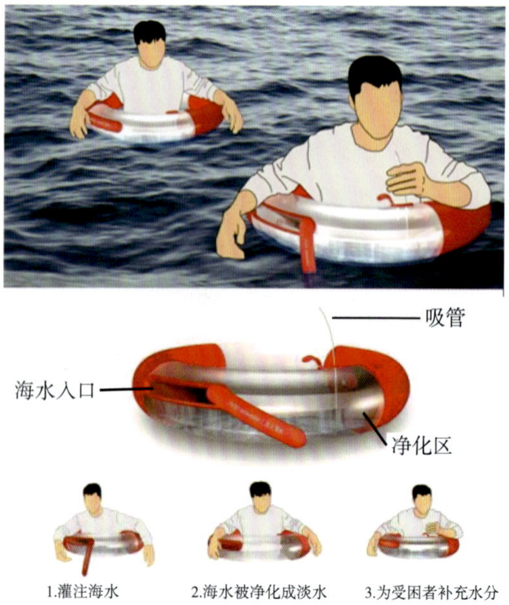

图3-79 能获得淡水的救生圈

③系统性准则：构建评价指标体系时，应避免指标遗漏、归类不清、重复设定等问题，确保评价指标体系结构清晰，便于评价模型的搭建和指标权重计算。

④与设计目标相结合的准则：基于产品设计目标的评价指标体系应能随消费者需求变化而变化，筛选出用户满意、市场接受的设计方案。

⑤与产品设计的时代趋势相结合的准则：产品形态设计具有时代烙印，评价体系应结合时代特征与未来发展趋势，建立反映时代特征的产品设计评价指标体系。

形态设计的评价可以从美学、技术属性、人机、环境因素和经济五个方面进行评估。

①美学评价涉及产品的造型、装饰、色彩和社会因素。造型方面需具有独创性、统一性、变化性、均衡性和稳定性，装饰方面需要考虑新颖性、精致性、合理性和适用性，色彩方面需要考虑调和性、融合性和象征性，社会因素方面需要考虑民族区域特性和社会审美趋势。

②技术属性评价需要考量结构和材料因素。结构方面需考虑结构设计的创新性、适用性、吻合性和公益性，材料方面考虑材料选择的创新性、力学性能及切合性。

③人机评价包含人机界面、人机交互和用户体验。人机界面需考虑安全性、准确性、规范性和相容性，人机交互需考虑用户操作的高效性和简易性，用户体验要求达到用户使用上的满意度。

④环境因素评价包含适宜性和绿色两个因素。适宜性指产品对环境的适应性，绿色因素指绿色设计，需具有绿色属性和合法性。

⑤经济评价需考虑效益和价值。效益方面主要关注产品转化为商品后成本的回收，价值方面主要考虑产品的市场占有及人群定位。

形态设计评价通常使用意向尺度模型，该模型使用方便，主要基于用户心理感受，适用于多数产品的形态设计评价。

3.7 AI辅助形态创新简介

Midjourney（简称“MJ”）是由David Holz创办的同名研究实验室开发的人工智能绘画工具。该实验室致力于探索新的思维方式并扩展人类的想象力。Midjourney的官网和维基百科上对MJ的介绍强调了其创新性和对想象力的贡献。

Midjourney的工作模式是从自然语言描述中生成图像，这一过程在官方被称为“prompt”（提示词），在AIGC（生成式人工智能）领域内也俗称为“咒语”。这种称呼源于用户在使用AI制图时，通过输入特定的描述来引导AI创作图像，类似于施展魔法的过程。

AI绘画工具的使用方法主要有两种：

①描述法：用户根据需要输入自然语言描述，AI根据这些描述生成图像。

②喂图法：用户上传已有的图像，AI根据提供的图像进行分析并创作新的作品。

以下是Midjourney的使用方法：

（1）准备工作

①注册与登录：用户在浏览器中打开Midjourney的官方网站或相关平台，进行账户注册。已注册的用户则直接登录。

注意：Midjourney的使用可能涉及特定的平台或软件，具体注册和登录方式可能有所不同。用户应根据实际情况和平台提供的指南进行操作。

②熟悉界面与工具：登录后，设计师应熟悉Midjourney的工作界面和工具栏，了解各个功能按钮的作用和用法。

（2）上传参考图像或手绘草图

设计师可以将已有的参考图像或手绘草图上传到Midjourney平台。这些图像将作为设计的基础和灵感来源，帮助AI理解设计师的意图并生成相应的设计方案。

（3）输入设计条件与关键词

根据产品设计的具体要求和客户需求，在Midjourney中输入必要的设计条件和关键词。这些条件和关键词将指导AI生成符合需求的产品设计初稿。

例如，设计师可以输入产品的颜色、形状、材质、尺寸等具体条件，以及风格、氛围等抽象描述。

（4）生成初步设计

输入完设计条件和关键词，Midjourney将迅速生成多个不同风格和方案的产品设计初稿。

（5）参数调整与优化

设计师可以利用Midjourney提供的参数调整功能，对初步设计进行进一步优化。通过改变产品的尺寸、比例、纹理等参数，设计师可以实时预览设计的变化，并快速确定最佳方案。Midjourney还支持混合模式（remix mode）等高级功能，允许设计师在现有设计基础上进行创造性调整。

（6）实时渲染与效果预览

Midjourney的实时渲染功能使设计师能够即时查看设计效果，并根据需求进行调整和优化。这种即时的视觉反馈机制显著提升了设计工作的效率和成果的质量，允许设计师快速迭代和完善设计方案。

（7）定制化设计

Midjourney不仅限于基本的参数调整，还支持设计师进行深度的创造性定制。设计师可以通过添加特殊效果、调整光影效果、修改细节等手段，使产品设计更具个性化和吸引力。这种定制化设计过程有助于创造出独特且符合特定需求的产品设计。

（8）导出与分享

在完成产品设计后，设计师可以利用Midjourney的导出功能将设计作品导出成高质量的图像或动画格式。导出的设计作品可以通过社交媒体、在线展示平台或直接与客户和合作伙伴分享，以此展示设计师的创造力和专业水平，从而吸引更多的关注和业务机会。

（9）使用技巧与注意事项

①输入方式描述法

在Midjourney中使用imagine命令，将脑海中的画面描述给AI，AI会根据描述生成图片。描述越具体，生成的图片越符合预期。

描述句式推荐：【媒介】+【画面风格】+【画面主体】+【画面环境】+【光照】+【色彩】+【视角】+【渲染方式】+【出图质量】+【官方指令】。

②输入方式喂图法

当仅使用关键词无法获得满意的图像输出时，可以结合喂图法和关键词，提高AI绘画的精准度。

操作推荐：【参考图链接】+【描述句式】。

③图片质量

上传的参考图像或手绘草图应尽可能高清，以确保生成设计作品的质量。

④多次尝试与调整

由于AI生成的图像具有随机性，设计师可能需要多次尝试和调整，以达到满意的设计效果。

⑤国内AI绘画工具的发展

国内AI绘画工具在应用领域的拓展、技术创新、精确性提升、个性化与定制化服务的发展以及跨界融合与创新应用等方面取得了显著进步。

国内AI绘画工具示例：

文心一格（网页）：由百度出品，提供简单的“推荐”模式和自定义参数的“自定义”模式（图3-80）。

即时设计：类似于Figma、MasterGo的在线设计协同软件，正在内测“即时AI”，已开放文字生成设计，未来将开放手绘生成设计、图片生成设计模式（图3-81）。

6pen Art（App、网页）：提供多模型选择，包括自研的南瓜模型和基于不同技术的其他模型。在创作绘画时，提供画面类型、风格修饰、艺术家风格选项，用户可根据需求手动选择（图3-82）。

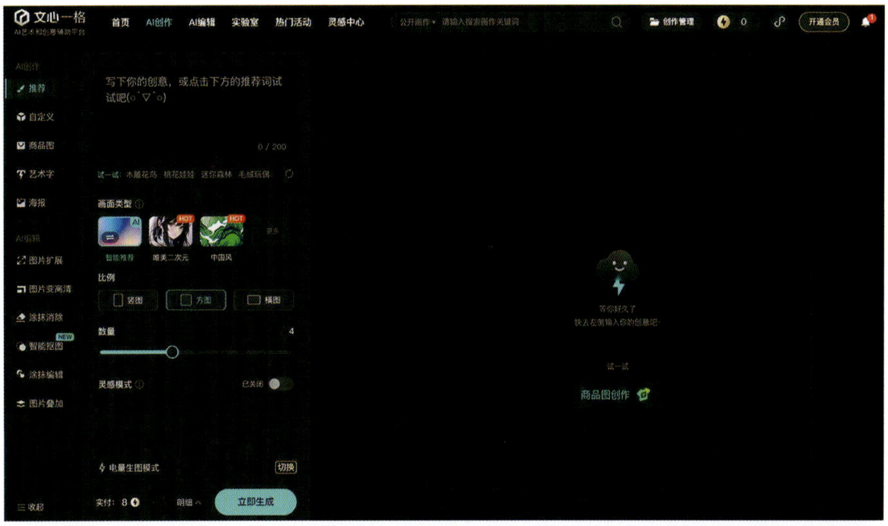

图3-80 文心一格界面

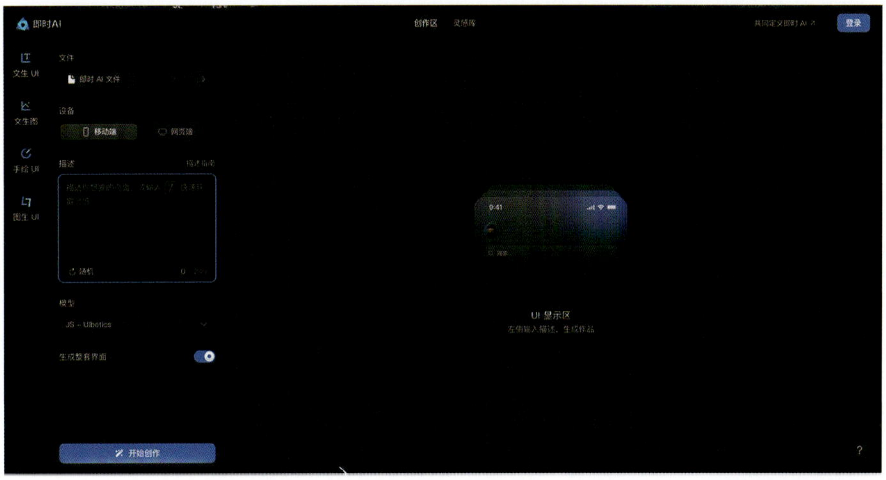

图3-81 即时AI界面

图3-82 6pen Art界面

【章后习题】

一、多项选择题

1.六何分析法是哪六何?(　　)

A.when(目标时间)

B.where(目标地域)

C.who(目标使用人群)

D.what(目标物)

E.why(解决方案的原因)

F.how(如何实现这些设计)

G.how much(产品成本)

H.want(用户需求)

2.在产品形态设计过程中发现元素方法主要有哪几种?(　　)

A.直觉观察法　B.分类猎取法　C.兴趣优先法

D.弃同求异法　E.记忆摄取法

3.在“发现元素—剖析元素—提炼元素”过程中,剖析元素的方法有哪几种?(　　)

A.形状分析　B.简化分析　C.比例分析

D.皮骨分析　E.态势分析　F.变形分析

G.组合分析

4.产品形态设计评价体系的构建需要遵循哪些基本准则?(　　)

A.与美学法则相结合的准则

B.与产品属性相结合的准则

C.系统性准则

D.与设计目标相结合的准则

E.与产品设计的时代趋势相结合的准则

二、判断题

形态设计的评价可以从美学、技术属性、人机、环境因素和经济五个方面进行评估。其中,美学评价只需要考虑产品的造型、装饰、色彩三个因素。(　　)

三、讨论题

1.讨论生活中以一根不限粗细、不限材质、不限长短的线为基础所做的产品设计有哪些?

2.讨论生活中由产品带来不便的一些细节。

四、练习题

1.将下面给定的基本几何体进行变形、组合(可切割、缩小、放大、重复),设计5款不同形态的照明灯具。

要求:

(1)独立完成,绘制在 A3 幅面纸张上;

(2)所用的变形、组合方法不可重复;

(3)变形、组合的过程要绘制出来并用虚线表示。

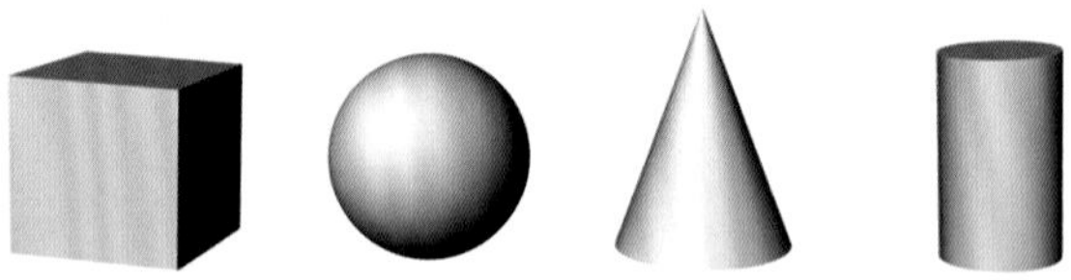

2.综合运用课程所讲形态设计的 7 种方法,分组完成设计方法应用表单。

设计方法应用表单

习题答案及解析

4

产品形态设计的文化定位

【知识结构图】

产品形态设计的文化定位

- 4.1 产品意义的观念沿革
- 4.2 产品语意概述 重点
- 4.3 产品形态语意的阐释 难点
- 4.4 产品语意的塑造原则 思政点 重点
- 4.5 产品形态语意的外延和内涵
  - 4.5.1 产品形态语意的外延和内涵概述
  - 4.5.2 产品形态语意的功能表达
  - 4.5.3 产品形态语意设计的五个方向
  - 4.5.4 产品形态语意的具体内涵及特征 思政点
- 4.6 产品形态语意设计的程序 实操技能
  - 4.6.1 设计程序
  - 4.6.2 设计过程注意事项
- 4.7 产品语意在设计中的应用
  - 4.7.1 应用实例
  - 4.7.2 运用产品语意解决问题
  - 4.7.3 产品语意表达

【学习要点】

产品形态语意的功能表达学习要点，在于理解设计师如何通过产品的外观形态来明确传达其功能和使用方式。这涉及运用形状、线条、色彩和材质等设计元素，以创造出直观且易于理解的视觉暗示。这样的设计使用户能够迅速识别产品的基本功能、操作流程和使用意图，进而提升用户体验和增强产品的实用性。

本章教学视频

我们周围的事物不仅以物质形态或物理属性与人发生关系，还会或多或少地传达某些寓意或信息，即它们都具有一定的意义。同时，它们作为意义的载体或符号而出现。人类不仅生活在一个单纯的物质世界中，也生活在一个有意义的世界之中。人类的活动就是一种追求意义、创造意义的过程。

产品，作为人造物的一种形式，无疑也是意义的载体和符号，承载着意义传递和沟通的重任。产品及其形成的器物文化，不仅可通过其视觉语义信息直接左右人的行为，还可以有意味地存在，间接地影响人的情感反应。例如，在传统认知中，德国制造的汽车代表着精密和质量，太空产品（如卫星等）代表了一个国家的综合国力。这些都是产品，是意义的符号和载体。

作为设计（造型）对象的产品，是由各种材料以特定的结构和形式组合起来，具有一定艺术（审美）特征，并能满足人们某种需求的实体人造物。其构成既包括看得见的因素（如材料、结构、色彩、造型），也包括看不见的因素（如使用原理、操作顺序、技术手段、生产组织形式以及可完成的功能程度等）。这样的人造物还应具有强烈的社会属性，即人文性、历史性、地域性、经济性、科技性、流通性，应是时代、历史等信息的载体。图4-1的iPhone4，在2010年因具有良好的硬件、软件以及用户体验，取得了巨大的商业成功。与此同时，iPhone4具有强烈的社会和文化属性，它不仅改变了手机业态，而且改变了用户对移动终端产品的认知和使用行为，受其影响，众多行业也发生了改变。毫无疑问，从这个角度而言，这是一款承载了当时经济、科技、流通等信息的产品。

4.1　产品意义的观念沿革

梳理产品意义的观念沿革具有重要作用。

第一个阶段是设计的萌芽及意义的创生——意义产生于人与世界相遇的时刻。在这个阶段，设计产生于实用需求。古语云："食必常饱，然后求美；衣必常暖，然后求丽；居必常安，然后求乐。"（《说苑·反质》）人造物都存在着某种"原意"，遵循着某种"原意"，表现着某种"原意"，都会具有某种原初的设计用意、规划及目的。设计活动发生之初的这种"原意"，就是实用需求，或者说是功能。在这个阶段，实用性加工是造物的基本方式。早期的设计大都与生存相联系，是一种生存设计。

第二个阶段是设计的发展及意义演化。原始社会后期，随着人们温饱的逐渐解决和生存环境危险的减少，人类设计的职能开始逐渐由保障生存发展向使生活更为舒适和有意义演化。从马斯洛人类需求的五个层次可以看出，当人类的低层次需求被满足后，就会往更高层次的需求去奋斗。这个阶段的明显特征就是人类审美意识的萌生和装饰意识的形成及产品象征性寓意的出现。随着人类步入文明社会，装饰早期的实用意义逐渐让位于美学的意义，装饰的造型元素也逐渐转化为美的形式。因此，很多似乎是纯形式的几何线条，实际上是从实用或象征形象演化而来的，其内容已融入形式之中。现代美学中的形式美法则，如对称、均衡、节奏、韵律、比例等，在这个阶段的设计物中均有一定的体现。

第三个阶段是象征性寓意的出现。在长期的历史演化过程中，人类社会出现了许多具有象征性寓意的器物。例如，我国古代的玉璋、玉钺、玉琮、玉璧（图4-2）。新石器时代龙山文化的玉璋，属于玉制礼器。玉色青黑，内布满杂乱的灰绿色枝条状纹，边缘薄处显露茶绿色。器身扁平，呈长方形，

图4-1　iPhone4

上部略大，通体打磨光滑平整，制作较为精细，玉材开料的技术已基本掌握。玉钺是古代象征权力的瑞器，通常为深灰绿色不透明玉质，带有贝类遗骸沉积结构的蛇纹石，沉积层清晰可见。玉琮是我国古代重要的礼器之一，是一种内圆外方筒状玉器，用于古代人们的祭祀活动。玉璧是一种中央有穿孔的扁平状圆形玉器，为我国传统的玉礼器之一，也是“六瑞”之一。玉璧的选料极为精细，制作工艺极为精细，中国古代有以玉璧祭天、玉琮祭地的礼制。从这些例子可以看出，新石器时代后期已经出现许多具有象征性寓意的器物。劳动分工及设计的繁荣促进了设计的发展及意义的演化。原始社会后期，人类创造性地发明了制陶工艺和陶器，标志着人类结束了上百万年的狩猎生活，开始农耕和定居，使社会分工成为可能。劳动分工后，出现了专门从事器物设计和制作的匠人（百工），这使得人类的设计活动日益丰富并走向手工艺设计的新阶段。手工艺所做的器物反映了当时人们的生活方式，其设计思想主要体现在实用性、美观性、象征性三个方面。

第四个阶段是机械工业的出现及设计的变革。工业革命是人类生产方式从手工作坊阶段向大机器工业阶段过渡的开始，是生产技术的根本变革。在机械工业的冲击下，设计从实践到观念都出现了根本的变化。手工业时期，设计者、生产者、销售者合而为一。进入机器时代，设计与制作分离，出现了职业设计师。在工业设计的发展中，工艺美术运动、新艺术运动等促进了机械工业的发展，并奠定了设计师的地位（图4-3）。

第五个阶段是现代主义设计思想体系的确立。20世纪二三十年代，现代主义设计崛起，受包豪斯设计理念影响的众多设计师不断实践着现代主义设计的理念。现代主义设计在欧洲发展起来，但由于战争导致的人才转移，工业设计最终在美国确定了其地位。雷蒙德·罗维成为第一位以设计师身份登上《时代》杂志封面的人物。流线型在美国大受欢迎，这不仅是因为流线型在交通工具领域具有先天性的功能优势，也因为在经济萧条时期，流线型的产品给了人们生活的希望，流线型覆盖了器物设计的方方面面。

第六个阶段是现代主义之后的设计观的衍生及异化。第二次世界大战后，高科技发展带来了众多负面影响，如精神危机、生存危机、环境污染等。后现代主义提出“少就是乏味”的观点，呈现不确定性的特征。后现代主义的主要特征被归结为文脉主义、隐喻主义和装饰主义。现代主义之后工业设计的流派可大致分为“高科技”风格、改良“高科技”风格、意大利的阿基米亚、孟菲斯集团、波普风格、后现代主义风格、减少主义风格、建筑风格、微建筑风格、微电子风格、解构主义风格、新现代主义风格等，这些风格流派影响着产品在人们观念中的意义。在传统意义上，家具的设计具有很高的审美性，如巴洛克、洛可可时期的家具产品。那一时期的家具不仅具有实用价值，而且具有一定的文化、情感及审美价值。但是，到了波普时期，由于欧美城市间、国家间人员流动大且频繁，许多年轻人不再选择经久耐用且具有高审美性的家具，转而选择价格低廉、色彩鲜艳、容易收纳甚至用后就弃的家具产品。这导致设计风格发生了转

图4-2　玉璋、玉钺、玉琮、玉璧

图4-3　蒸汽火车

变，产品在生活中的意义也随之发生了巨大的变化。

4.2 产品语意概述

产品语意学是与后现代主义、解构主义、新现代主义并行发展出的一种设计思潮。产品语意不仅指示了产品的基本功能（意义），更关联到功能背后设计的意义。在物体语言与意象语言的操作中，这些后设的意义也像“记号”（sign）一样参与语言的构建。

图4-4展示了认知活动发生的原理。当外界刺激感官时，大脑会注意到并结合经验与已有知识对对象进行信息识别。如果信息与现有知识匹配，它将迅速被识别并触发反应，随后进入学习和短期记忆阶段。若为新信息，则需学习并存储于短期记忆，再通过归类和重复学习形成长期记忆。长期记忆形成后，信息会被频繁提取和应用，形成一个循环系统。

理解了认知活动的原理后，设计符号意义的传达模型就比较容易理解了，如图4-5所示。设计师完成作品创作后，实现了产品的机能，并通过形态向用户传达。产品的功能和机能是设计师通过形态传达给用户的，设计师在这个过程中起到编码作用，形态是传递信息的渠道，用户则是解码者。如果设计师传达的信息能迅速被用户解码和接受，就需要充分利用形态的传递作用。如果形态设计和信息传递符合大多数用户的经验与认知，信息传递将更顺畅，用户接收信息也会更快捷，对产品及其意义的接受度也会更高。

注意：符号的使用需要在一定人群中形成共识。例如，在多数国家，交通指示中红色代表停止，绿色代表通行。如果某个产品打破了这种共识，可能难以在市场上立足。

产品的意义除了具有约定性特征外，还有系统性特征。判断产品意义时，不能孤立地看待，而应视为符号系统的一部分。产品的意义应根据其与其他成员的关系来确定。同时，符号化产品具有开放性特征，意义处于动态交流的关系结构中，因此是开放的。解释既定秩序往往因人而异。

注意：由于形态可能具有一形多义或一义多形的特点，因此设计师无法完全掌控产品符号的终极意义。如图4-6所示，同一动作在网络上可能有两种不同的解读：祈祷、祝福或击掌、庆贺，这两种解读源自同一符号，但因背景、知识、生活习惯和观察角度的差异而不同。

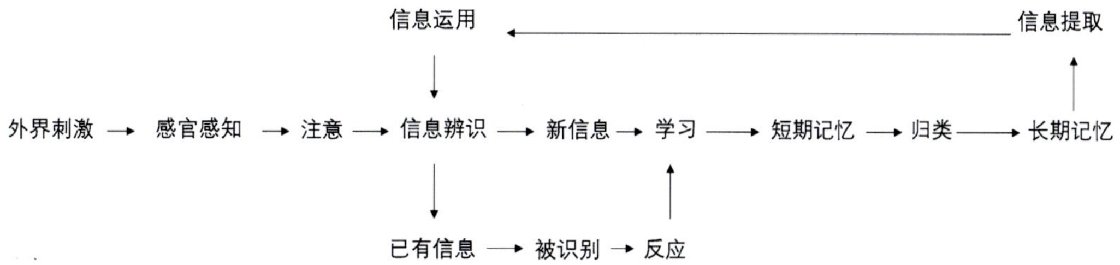

图4-4 认知活动发生的原理

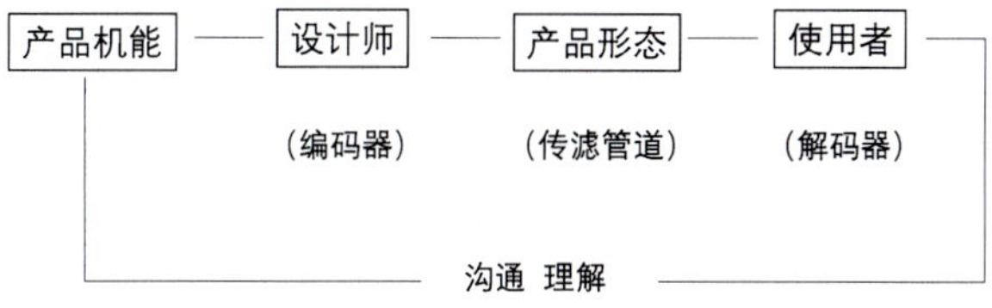

图4-5 设计符号意义的传达模型

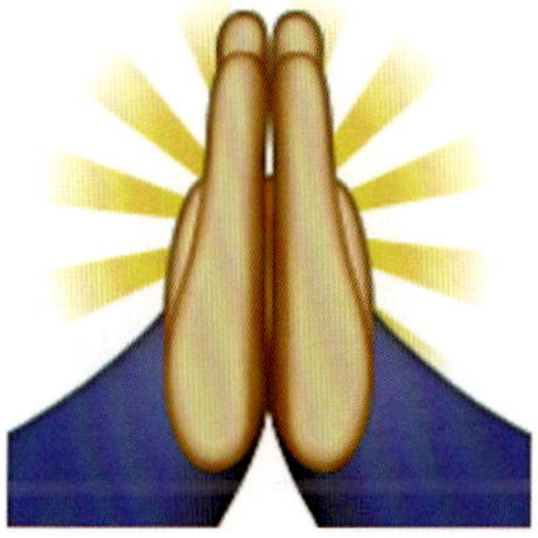

图4-6 一形多义

4.3 产品形态语意的阐释

历史上，从早期的石制木构到精雕细染，从工业美术运动到现代设计运动，以及多元混杂的高技派、解构派、新理性派、新古典派等，无不是对不同“形”“意”关系的反思与再认识，并着重把握不同的语意存在。所谓的功能主义、形式主义、感性设计等，也无非是哪种语意形式为主，哪种语意形式占了上风的问题。

产品形态语意的阐释，一般包含以下七个方面的意义：

（1）功能性语意

产品的存在价值，首要的因素是其实用性。例如，汽车的功能在于载人，使人从A点快速移动到B点。载人的数量、移动的速度、占地的空间等均是其使用价值的体现。对于图4-7的汽车而言，形态的变化展现了其具有可变空间的功能特点，在满足载人的情况下更加适应城市空间，具有更强的适应性。当然，从车身侧面的金属件也能反映这个功能性的语意。

（2）示意性语意

示意性语意的塑造要求产品设计师找到一种能准确传达情感的语意符号，来表达设计师的思想和产品的操作方式；进而通过这种语意符号达到与使用者在语意学领域建立人性关系的目的，从而引起消费者在使用方式和情感上的共鸣，以达到更深层次的情感沟通和交流。如图4-8所示，第一个是汽车门把手的设计，采用非常传统的造型语言，用户可以非常直观地通过该产品的造型获得产品的使用信息。这是设计师和消费者之间较为快捷的一种沟通方式。后三个设计，无论是旋钮还是产品的手持部位，均符合消费者行为习惯，能够准确地表达设计师的思想和产品的操作方式。同时，消费者对产品的操作方法能够预判其结果，减少误操作，从而引起消费者在使用方式和情感上的共鸣，以达到更深层次的情感沟通和交流。

图4-7 可伸缩的汽车

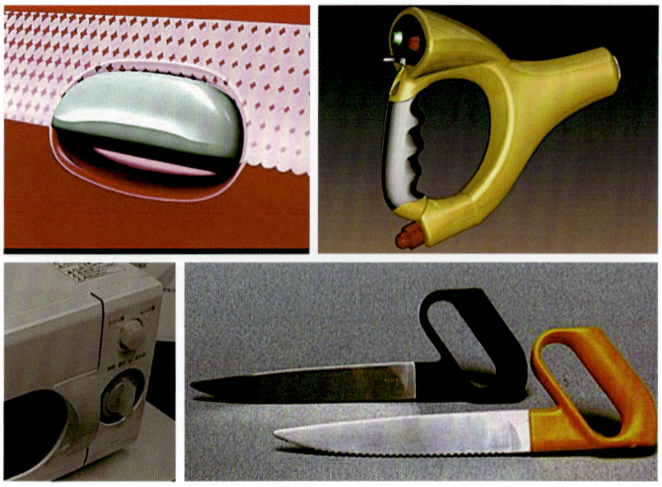

图4-8 语意识别清晰的产品设计

下面举一个反面案例来说明问题。如图4-9所示，这个简单的图形被设计成西式的具有四个炉火位的燃气灶，每个红色的圆代表一个炉火位，蓝色的点代表炉火的开关。在西方电影或电视剧中，我们经常可以看到厨房中的中岛上放置着燃气灶，因为中岛不仅方便人们沟通还便于烹饪，所以其设计通常是面对面的四个炉火位。这种设计在我国较为少见。按照传统理解，使用者能够明白第一个蓝色按钮控制的是左上角的炉火位，最后一个按钮控制的是右下角的炉火位。但是，从左到右的第二个按钮控制的是哪个炉火位呢？很多人的理解可能不同，这就可能导致误操作。用户想要验证每个开关对应的炉火位，可能需要实际使用一次，而没有预判或错误预判的使用可能带来操作失误。这种设计就是设计师没有向用户传达出明确的示意性信息，或是示意性语意传达不准确的例子。

（3）象征性语意

象征性语意具有识别社会角色和传达特定观念的双重功能。产品的象征性语意塑造可以是塑造社会角色和传达特定观念两种形式。如图4-10所示，奇瑞汽车通常被认为是典型的家庭用车，劳斯莱斯则被认为是成功人士的座驾。从这个例子可以看出，产品往往具有一定的象征性语意。此外，象征性语意也是设计人员向消费者传递某种特定观念的手段。

（4）关联性语意

关联性语意是指利用生活中的隐喻手法，借用已有的相关、相近、相似或相对的关系，通过间接指涉，给人以新颖别致、有趣味的感觉。设计师在传达这种语意时是弹性的、模糊的，不会明确告知用户自己的意图，而是借用这种有趣的形式给人以想象和理解的空间，赋予产品以韵味。它易于表达某些联想和暗示，能产生深刻、含蓄的意境。如图4-11所示，左侧图是显性直接关联，设计师通过鲜艳的色彩、仿香蕉的形态以及体量和比例的设计来明确这款产品是儿童行走玩具；而右侧的图是隐性暗喻，是一套茶具的设计，无论是茶杯、茶盏还是茶盘，都烘托出一个具有中国传统文化意味的场景和环境。设计师想以隐喻的方式表达的是，该产品或系列适用于喜欢中国传统元素的用户，使用者最看重的，是产品背后所蕴含的文化隐喻和审美趣味。

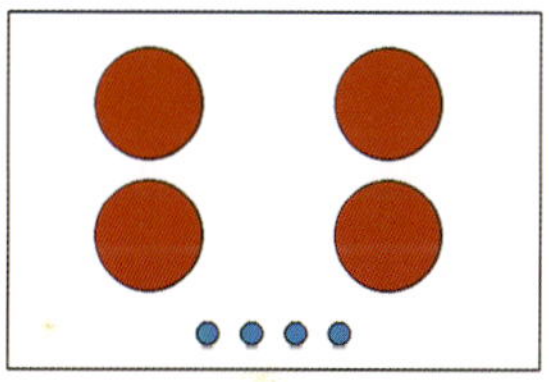

图4-9 语意识别模糊的燃气灶布局

图4-10 奇瑞和劳斯莱斯

显性直接关联　隐性暗喻

图4-11 儿童玩具和茶具

（5）情感性语意

情感性语意指产品要传递感受给使用者，让使用者产生情感共鸣。设计师不仅要通过人性化的造型、易操作的界面来满足消费者的生理需求，更应通过产品造型体现对消费者心理的关怀。情感的共鸣涵盖用户生理和心理两个方面。图4-12展示了一款符合人机工程学的门把手，设计师精心打造，能很好地与用户在生理层面的情感产生共鸣。图4-13的产品设计同时关注用户的生理和心理层面，这是一款方便残疾人使用的马桶。腿部残疾的用户如厕时可以接触马桶前端及扶手，帮助自己移到马桶上。此款产品允许用户在不转身的情况下使用，并在过程中提供身体支撑。使用后，支撑物或扶手能帮助用户轻松回到轮椅上。设计师对公共空间进行了合理划分，与传统残疾人卫生间相比，这种卫生间占用空间更小，使用起来更加方便。

（6）美观性语意

美观性语意是“美的形式”，或称“有意味的形式”，展现的是艺术品内各个部分和要素构成的一种纯粹关系。在不同作品中，线条、色彩以特殊方式组成形式或形式间的关系，激发审美情感。这种线条、色彩的关系和组合，以及这些感人的审美形式被称为“有意味的形式”。美的形式与形式美的区别：美的形式是美不可或缺的组成部分，体现的是事物本身的美的内容，是美的感性外观形态；而形式美作为独立的审美特性，体现的是形式本身所包含的内容和某种寓意，即形式的某些共同特征。

（7）质料性语意

质料性语意代表了对产品的最基本感性认识，在这一层面上产品以物质形态呈现于视野中，其意义本身并不明确。虽然人们的理解不会仅停留在物质层面，但物质层面是产品更高级意义存在的基础，高级意义需借助质料性形态来表现。图4-14为安吉杯竹制品设计大赛的一件获奖作品。竹材作为一种可再生资源，常见且受文人喜爱。该作品利用竹材纹路特征，设计了一系列功能性动物形象，其功能涵盖跷跷板、储物、玩具等方面。设计的造型乖巧，色彩与竹材自然融合，展现了竹材的天然特性和趣味性。

图4-12 符合人机工程学的门把手

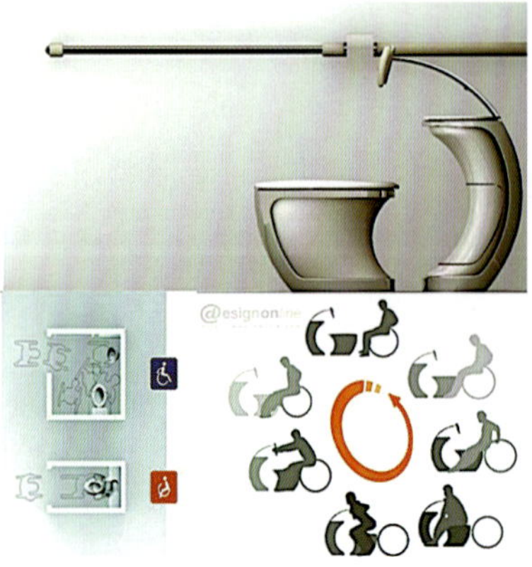

图4-13 无障碍卫生间

图4-14 安吉杯设计大赛获奖作品

4.4 产品语意的塑造原则

历史上形形色色的风格、流派及运动无不可看作是对不同“形”“意”关系的反思与再认识，并着重把握不同的语意存在。产品语意形式的论述可以帮助设计师从产品意义存在形式的视角理性地审视设计问题，分析设计问题，使设计有理可信、有据可依。产品语意塑造即借助产品的形态语意，使产品外在形态和视觉要素以语意的方式形象化，让使用者理解这件产品是什么，它如何工作、如何使用等，即使是一件复杂的产品也能成为一件“自明之物”。

整体上，产品语意的塑造原则有八个。

（1）符合产品的功能和目的

设计者使用设计的语言——材料、构造、形式、色彩和整体，准确而明了地告诉使用者设计者的意图和产品的含义。理查德·萨帕说过，设计者不需要为他的设计做什么解释，而应通过他的设计来表达设计的一切内涵。图4-15的台灯，无论其原理是什么，其造型和结构能够直接反映其使用方式，即使用户第一次接触这个产品也能正常使用。

（2）符合自然规律和造物法则

自然规律是指对自然变化规律本身所具有的统一性的理论认识，而造物法则是从具体的、技术性的实践活动中提炼出来的设计原则。对于设计来说，基本的造物原则是实用、经济、美观、安全。

（3）符合人的生理、心理特征和行为习惯

这里的符合包括基本操作、行为习惯、识别问题等方面。图4-16为办公设备类产品，产品设计是否符合用户的操作习惯及对按键的常规认知等，直接影响产品的使用效率和口碑。

（4）符合特定地域人群的民俗文化

设计时必须将“人—机—环境”作为一个完整的系统考虑，这意味着在设计过程中要综合考虑人与机器、人与环境、机器与环境之间的相互关系。环境是设计中一个非常重要的影响因素，特别是人文环境因素。地理环境对产品设计同样具有重大影响，同一类产品在不同地理环境中可能呈现出不同的形态，同时影响着人们对产品的喜好。例如，北美地区的人偏好皮卡车，在亚洲市场，皮卡车则是较为小众的车型。这种偏好在很大程度上与地理环境有关。

设计与其所在民族的历史文化、观念及审美思维方法密切相关。产品语意的塑造应充分考虑地域、宗教及风土民俗对其产生的影响，避免因违背社会习惯和价值体系而受到批评。例如，一位美国设计师对中国的茶具设计师提出疑问：为什么中国古代的茶杯不加把手，使用时容易烫手。实际上，古代茶杯通常不带把手，带把手的多为壶，如紫砂壶。这位美国设计师可能指的是盖碗茶或工夫茶的茶杯。他不了解中国的饮茶文化。盖碗茶杯由盖、碗、托三部分组成，分别象征天、人、地，其标准的饮茶流程包括净具、置茶、沏茶、闻香、品饮。品饮时使用特定的手势，与使用马克杯的体验完全不同。因此，茶具类产品的设计应先遵循其特有的文化属性（图4-17）。

图4-15　产品语意符合产品的功能和目的

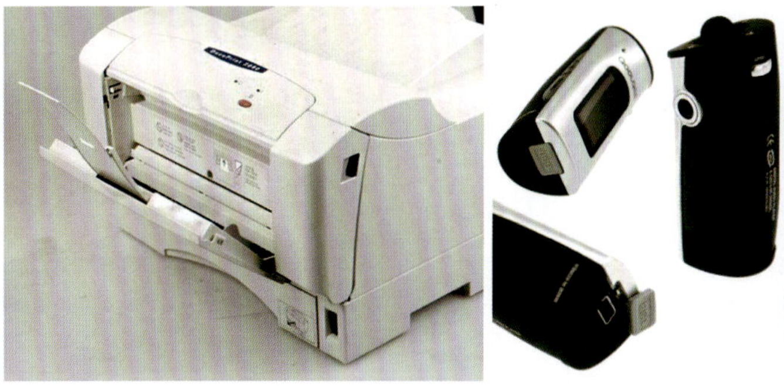

图4-16　办公设备类产品

图4-17　中国盖碗茶

（5）把握时代感和价值取向

随着消费者对情感和精神的日益关注，产品不仅要满足基本的使用功能，还要表达文化内涵，体现特定社会的时代感和价值取向，以引导社会时尚潮流。为把握时代感和价值取向，设计师应以符合时代发展趋势的审美形式作为时尚的表现手段。

注意：在产品语意塑造中，设计师应考虑个人、文化、时间、地点等因素，敞开心胸寻找素材，打破常规，进行语意创新。此外，进行市场调研，了解人们的思想动态，也是把握时代感和价值取向的有效途径。

（6）传达积极的语意信息

产品语意塑造应立足于服务人类自身，始终以人类的可持续发展为目标，引导积极健康的生活观和消费行为，传达积极的语意信息，避免有害人类自身发展的信息传播。只有这样，才能将消费意识的取向上升到行为导向和设计文化的高度，使设计艺术真正为人类的文明和未来服务。

（7）突出主体语意的诉求

每个产品都有其要表达的主体语意。这要求在具体设计中针对不同的设计对象，突出不同主体语意的传达，即在设计中要有主有次、详略得当，在功能主要区域、人机交互集中区域、造型重点区域突出主题语意信息。不同类型的产品，其主体语意诉求是不同的。例如，电钻要强调其功能性和示意性，戒指要强调其美观性和象征性，可乐瓶要强调其功能性和关联性，儿童座椅要强调其功能性和情感性等（表4-1）。

表4-1 设计突出主体语意

产品	语意							
	物质性	功能性	美观性	示意性	表征性	象征性	关联性	情感性
电钻		√		√				
戒指			√			√		
可乐瓶		√					√	
儿童椅		√						√
石器皿	√				√			
香水瓶			√				√	

（8）与既有产品形成一定的语意延承

设计的直接目的是服务当今人类的生活与工作，其潜在效益是成为人类文化积淀的一部分，为人类创造和发展提供精神营养和借鉴。因此，设计具有传承性的特质。强调与既有产品形成一定的语意延承，是从设计的认知和接受角度考虑的。相同功能的产品在风格特征和表现方式上应彼此接近，以保持产品造型的格调一致性和完整性。

在汽车领域，近几年各大汽车厂商都在尝试融入品牌DNA的设计理念。一般有两种做法：第一种是如宝马、大众那样的设计，在车型中有明显造型语意的体现。例如，宝马汽车的双肾格栅，在所有宝马车型中均可见到这一形态，即使有所改变，也只是根据车型、设计定位及加工工艺等因素进行调整，整体趋势和形态保持不变。第二种做法是融入品牌logo，以logo体现品牌DNA和语意的传承。越来越多的汽车公司在车身造型上间接运用企业品牌logo，主要有三种方式：标志轮廓形态的运用、标志局部元素的运用和标志元素的重构运用。汽车标志本身具有深刻含义和优美造型，将其作为造型元素在车身造型设计中间接运用，主要是为了在更广阔的三维空间和更深层次的视觉欣赏中，实现品牌符号的美学拓展。在汽车车身造型细节上，统一汽车家族血统，使用户感受到企业文化的无处不在（图4-18、图4-19）。

图4-18 宝马汽车

图4-19 汽车品牌设计的延承

【思政点】

明式家具在设计上充分考虑了实用性和使用功能，同时顾及人体的生理结构。图4-20的明式圈椅设计，不仅外观典雅，而且椅子的靠背和扶手都依据人体曲线设计，提供舒适的支撑，体现了家具的实用性。同时，其简洁优雅的线条和造型符合人的审美心理，给人以宁静、典雅之感。其制作工艺精细、结构科学合理，全部采用精密巧妙的榫卯接合技术，大平板则以攒边方法嵌入边框槽内，使木材能顺应天气的冷热干湿变化。装饰图案常融入民俗文化元素，例如，家具上常雕刻有象征吉祥的祥云、蝙蝠、如意等图案，这些元素反映了当时人们对美好生活的向往和追求。明式家具不仅是实用的物件，更是一种文化的载体。其精美的工艺、和谐的线条及寓意深远的装饰图案，都在无声地传达着中华传统文化的精髓和价值观，如和谐、平衡、自然等。

4.5 产品形态语意的外延和内涵

4.5.1 产品形态语意的外延和内涵概述

产品形态语意的外延和内涵指的是设计师利用造型、色彩、材料及结构的设计对产品进行编码，与用户进行沟通。用户通过对产品的造型、色彩、材料及结构进行解码，以获取设计师想要传达的信息，实现对产品的认知和使用（图4-21）。

设计人员需通过一种特殊的语言（或称为符号、非语言手段）向用户传递各种信息。

1984年，克里彭多夫将用户对产品的理解分为四个阶段：

第一阶段：产品辨明阶段，即理解产品是什么。

图4-20 明式圈椅、明式家具纹样

图4-21 产品形态传达语意过程

使用者通过视觉线索（如色彩、符号、造型、材质等）区分产品类型。

第二阶段：产品的自我验证阶段，即判断产品怎么用。使用者实际操作产品，观察其运行。

第三阶段：用户发现产品新形式阶段，即发现产品还有什么新用途。使用者熟悉工作原理，可能发现新的使用方式。

第四阶段：解读符号语意阶段，即理解产品有什么意义。使用者根据个人理解、社会特征及美学价值，通过比较相关产品来解读产品内涵。

4.5.2 产品形态语意的功能表达

功能表达指产品具有某种象征意义，暗示产品的使用方法。面对新产品，使用者首先需要知道“这是什么”和“如何使用”。产品可以通过关联实现象征意义，体现使用者精神需求和消费文化的象征意义，构成人们生活中的象征环境。图4-22展示的是一个早期电话设计，它将听筒和应答器合二为一，设计成电话簿外形，集成了录音、播放、复印信件的功能，保留了人们对传统电话的认知；同时，在内容上有了创新，如允许翻页使用，切换不同内容。它采用翻书的方式，使用户产生共鸣，凸显产品背后的象征意义。

产品形态语意的主要关联要素包括：

①与外部物品的关联；

②与文化习俗的关联；

③与周围环境的关联；

④与其他物品的关联；

图4-22 早期的电话

⑤与时期或风格的关联；

⑥与产品不同位置的关联。

这些要素都与产品的象征性情感因素紧密相关。

4.5.3 产品形态语意设计的五个方向

设计师Michael McCoy认为，设计人员在进行产品形态的语意化设计时，需从以下五个方面进行思考：

①环境：考虑产品造型，包括大小、材质、色彩、形态等，如何与周围环境相协调。

②记忆性：产品造型是否唤起人们的熟悉感和亲切感，以及产品在文化或形态上是否承载历史延续性。

③操作性：产品造型在控制、显示、外形、材质、色彩等层面的语意表达是否清晰、易于理解、易于操作。

④程序：产品的外部造型是否表明了内部机构的运作方式，是否揭示或暗示了产品的工作原理。

⑤使用的仪式性：产品的造型是否体现了产品的文化内涵和象征意义。

4.5.4 产品形态语意的具体内涵及特征

（1）产品形态语意的具体内涵

产品与语言及其他符号一样，由表示部分（能指）和被表示部分（所指）组成。表示部分即符号的显示部分，指的是能对人们产生视觉、触觉乃至听觉刺激的形象；被表示部分则是符号的内容。产品的表示部分（能指）即通常由形态、结构、色彩、肌理等要素构成的整体形象；产品的符号内容（所指）是人们在接受上述刺激后形成的概念和印象，即产品的语意。产品的语意需要在特定的使用环境或“文脉”中读取，分为明示意和暗示意两个类别。

明示意是指通过对产品的外在形态、色彩、质感等进行设计，直接表明产品的物理性、生理性功能价值。这是在文化内涵中直接表现的显性关系，即产品形象直接说明产品内容本身。通过构造、形态设计，尤其是特征、操作和表示部分，准确表达产品内在的物理性、生理性功能价值，清晰诠释产品的用途、功能、操作方法、可靠性和安全性等。这些信息不是由设计师直接传达给使用者，而是由产品自身进行解释。

暗示意是指通过产品形象间接显示社会性、文化性、心理性等象征性价值。这是在文脉中不能直接表现的潜在关系，即产品形象间接反映产品内容本身以外的东西。产品符号作为象征系统，在特定使用环境中显示心理性、社会性、文化性的象征价值。例如，产品可能给人以高级、有趣、可爱的感觉，或通过产品造型反映用户的个性、地位，或传达文化内涵、意境、心理感受、特定社会的价值取向等更高层次的信息，或传达企业自身的形象。

（2）产品形态语意的特征

产品的形态、色彩、肌理等视觉要素作为造型符号，通过象征、隐喻、暗示等手法传达产品的实际功能、特征。产品的造型符号具有符号的基本性质，用户通过产品外延的刺激，激发与个人生活体验相关的联想，引导其行为，使之感到好用。产品语意反映了心理、社会及文化的连贯性，产品成为人与象征环境的连接者；产品语意构架了一个象征性环境，其影响超越了纯粹的生态社会影响。

产品语意学突破了人机工程学，不仅考虑人的物理和生理机能，还将设计因素深入人的心理和精神层面。格罗皮乌斯认为，在设计的视觉语言中，比例、视错觉、颜色、光和影的关系、物体的体积和空间，以及色调和范围的关系，都成为符号。产品的语意特征具有明显的符号化特征，有利于产品语意的传播。如果说现代主义时期以产品物理机能为中心，忽视了产品与人沟通的能力，那么产品语意学则试图使产品形态成为传达产品意义的手段，成为产品与人之间实现沟通的语言。

从文化角度看，产品语意学能运用隐喻、比喻等手段将地域特有文化进行编码，融入产品设计，唤起使用者对地域特有文化的记忆与想象。工业设计师进行产品设计的过程实际上是一个编码过程，即通过意指、比喻、隐喻、寓意等知觉类比手法，在产品上同时编入形码和意码。设计师作为信息的发送者通过产品符号系统传达信息（明示意和暗示意），使用者作为信息的接收者在使用中理解、认知这些语意，即进行解码、读取信息。

【思政点】

产品的文化内涵与象征性符号、图像性符号紧密相连。将传统文化元素融入产品语意中，不仅能够为产品增添独特的文化内涵和审美价值，还能展示传统与现代的完美结合。一些国际时尚大牌在设计中巧妙地融入了传统纹样元素，如中国的云纹、龙纹、古典花纹等。这些品牌在向传统纹样致敬的同时，也进行了创新性的设计。这种创新不仅限于纹样的运用，还体现在色彩搭配、材质选择等多个方面。通过这种融合，产品不仅被赋予了独特的文化底蕴，还彰显了传统元素与现代审美的和谐共存。这不仅体现了传统文化在现代设计中的重要性，也展示了如何在设计中积极传承和弘扬优秀传统文化，以及如何对传统元素进行创新性的运用和转化。

4.6 产品形态语意设计的程序

在日常使用产品时，人们常常会出错，并往往误认为是自己的问题。然而，多数使用错误实际上源于设计缺陷。设计若未能提供准确的感知信息，如形状、颜色与操作功能不一致，就容易导致用户操作失误。用户操作错误主要分为两类：第一，通过尝试产品行为过程中的错误来获得新的理解；第二，操作中的错误导致无法继续进行。产品应允许用户尝试，并在尝试失败时不会损坏产品。

4.6.1 设计程序

①设定使用情景，以尽量减少用户在使用过程中的错误。在使用情景设定中，需要明确：a.设定目标群体。目标群体是具有相似生活方式、身份的人群。要明确这类人群使用产品从事何种活动、完成什么任务，还需了解这类人群周围其他重要人物，包括朋友、同事和亲属等，以及该人群常用的或习惯的操作、使用方式，包括视觉、听觉、味觉、触觉等。b.明确群体所处的社会文化内涵，如文化特征、风俗习惯等，以及最终用户使用产品的具体环境、空间关系。

②根据设定的使用情景，提取产品的角色信息。产品固有角色包括自然角色和象征角色。自然角色基于产品的客观功能及使用行为，象征角色则是产品在周围事物、社会、自然环境、习俗、习惯中获得的社会角色。以下词语可用来修饰和描述产品形态，确定产品的角色：联想、象征、概括、双关、叠印、仿生、仿文化、仿风格、流派、写实、印象、野兽、立体、表现、抽象、功能、构成、现代、后现代、变形、空象、裂象、变异、打破重构、抽象变形、比拟、夸张、比喻（明喻、隐喻）等。

③利用产品形态语言诠释产品的双重角色。将抽象的语意属性转化为具体的媒介——形态，即将抽象词语转化为符合设定情景的形态，是将抽象信息具体化的过程。例如，在汽车设计中，为了表现“气派”，常用的方式包括加大车身、凸显品牌文化、强调车身外观的纵向线条、运用复古的外饰部件等。加大车身不仅提供了更实用的空间，也具有象征意义，表现差异性，诠释产品的双重角色；凸显品牌文化在具体设计中体现为使品牌logo更加醒目或精致，其代表着汽车的顶级设计、制作及工艺水平；强调车身外观的纵向线条，从视觉张力上凸显车身的宽大，区别于运动型汽车；复古的外饰部件传承了汽车的古典之美，现代汽车在局部外饰件上使用复古部件，是对古典之美的传承。

图4-23　1900年生产的家用电暖炉

④评估构想的相容性与技术可行性。设计时需要考虑转化而来的造型是否满足技术要求，是否受经济因素制约，以及是否与产品的技术规范、技能要求和系统运作相一致。评估不仅要基于产品形态本身，还要综合考虑影响产品形态的多种因素，确保产品能够顺利生产并上市销售，成为原先设定目标群体所能接受的商品。图4-23展示的产品是一台1900年生产的家用电暖炉，其目标群体包括贵族在内的多数用户。当时的背景是电力发明不久，人们竭尽所能将其应用到家居生活中。电暖炉不占空间、不易弄脏且容易搬动，是电力应用于家居生活的前卫发明。为了进一步呈现产品的现代感，并被目标人群接受，其造型进行了一定的借鉴，外形设计融合了当代造型、新艺术和现代风格的特色，既符合目标用户的审美，又能使这个新兴产品与目标用户的家庭风格相吻合。

4.6.2　设计过程注意事项

在产品语意的设计过程中，应注意以下几个关键事项：

①重视产品形态结构、加工工艺、材质的可行性分析。产品是语意表现的基础，而产品形态结构、加工工艺、材质等对产品实施的可行性起到决定性作用。产品实施的可行性直接影响产品生产的成本、市场、周期等要素，这些是设计产品时必须面对的核心问题。

②注重产品与环境的协调。产品的使用离不开环境，设计师在进行产品设计时必须考虑产品的使用环境及产品的造型、色彩等要素，确保与使用环境相协调，体现对环境系统的整体考量。

③体现文化特征。产品语意的表达不仅要注重外延性语意，还要重视文化内涵的表达。设计师常采用象征、隐喻等手法来表现产品语意。象征是通过与特定形象的相似性来传达产品的情感、文化等语意；隐喻则是通过比喻或暗示等方式向用户传达产品语意。

④传达使用信息。无论是产品的外延性语意还是内涵性语意，其目的都是向消费者传达设计师的理念

与设计思想，从而对消费者的购买行为产生积极影响。

⑤体现一定的差异性。尽管相同产品包含的产品语意相同，但不同消费者的风俗习惯、文化水平、年龄大小、性格特点等各不相同。因此，不同消费群体的特征也存在差异，如不同国家、地区、职业的需求和偏好。

⑥注重细节的设计。细节往往决定设计的成败。优秀的设计除了在整体造型、文化内涵等方面的表现之外，还应关注细节。精心的细节设计，可以提升产品的品质，完善使用功能，并让消费者感到更加亲切。

4.7 产品语意在设计中的应用

产品是工业化批量生产的物品，具有用品、制品、商品三方面的意义。产品设计旨在满足用户对产品的使用需求，研究人与物之间的关系，强调设计过程中的理性分析，以实现人、自然、环境之间的和谐。

4.7.1 应用实例

产品语意追求的不仅是产品的物理功能，还应向使用者揭示或暗示如何操作使用；同时，产品应具有象征意义，满足使用者的精神需求，构成人们生活当中的象征环境。

图4-24展示了一系列的牙签设计。牙签作为餐桌文化的重要组成部分，在亚洲国家尤为常见。除了剔牙，牙签也用于吃水果和寿司等小食品，用户可以用它戳起食品放入口中，避免了直接用手抓取的不卫生情况，也解决了一般餐具过大不便使用的问题。在中国，牙签通常设计成两头尖的形态，是一次性使用的，用后即抛。然而，这种浪费不仅源于一次性使用的概念，也与其两头尖的造型有关，因为两头都是尖的，使用后无处放置。市面上还有一种单头竹制牙签，一头尖一头平的小圆棒，方便手指拿捏。尖的一头明确指示了其用途，而在平的一头不到1 cm处，有一圈刻痕。这圈刻痕方便折断牙签，一方面，将用过的牙签折断可以表明它已经被使用；另一方面，在东方饮食文化中，把牙签直接放在桌面上是不文雅的，容易受到污染。因此，竹制单头牙签的刻痕既是装饰，折断后有刻痕的部分也可以用来搁置牙签。

图4-25（a）展示的是由北欧公司生产的专业洁牙产品。楔形的扁棒设计便于手指拿捏，由宽渐窄的形状非常适合清洁牙齿缝隙。产品具有适当的韧性且不过于尖利，颜色也符合清洁产品、医用产品的直观感觉，这在用户心中容易产生专业的印象，并进一步产生信赖感。图4-25（b）是美国某公司的产品，采用双向清洁刷头设计，适用于不同需求的人群；一边是仿鱼骨的刷头，另一边是防滑螺纹牙签头，满足用户不同的使用场景。两种洁牙产品的设计首先是形态

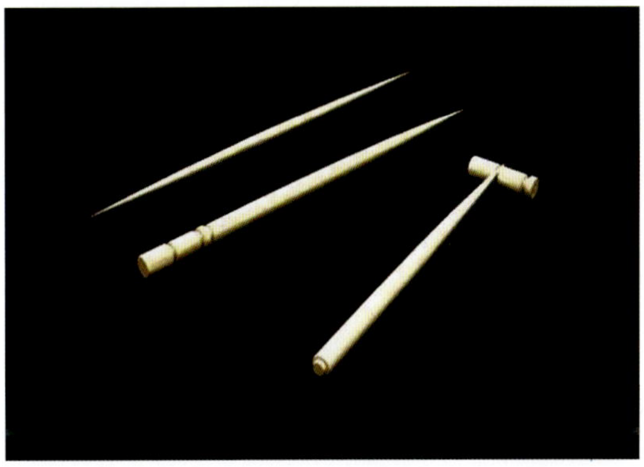

图4-24 牙签

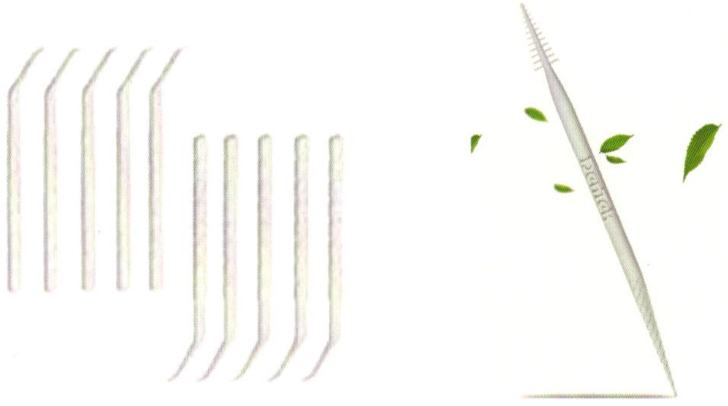

（a） （b）

图4-25 专业洁牙产品

的变化。无论哪种形态，用户在初次使用时都能根据造型判断出产品的具体使用功能。其次，产品形态的差异也体现了造型设计与饮食文化的关系。

4.7.2 运用产品语意解决问题

在产品设计中运用产品语意相关信息，设计人员应解决以下三个方面的问题：

①产品应当不言自明。

②产品语意应当适应用户。

③产品语意设计应当使用户自教自学，掌握操作方法。

图4-26展示的产品是Alessi旗下的设计师斯蒂凡诺・乔凡诺尼从乾隆皇帝肖像中得到灵感而创作的一组创意产品。这组产品即使在博物院环境中，用户在不知道其设计来源且无人讲解的情况下，也能从其形态中判断出产品的设计来源及销售对象，实现了不言自明的效果。乔凡诺尼在2001年设计了一款榨汁机。这款榨汁机的设计非常巧妙，当它正戴官帽时，看起来像是可爱的公仔；当官帽反过来戴时，它就变身为实用的榨汁机。用户无须专业指导即可自教自学，迅速掌握产品的操作方法。设计师可通过传统文化的不同层面，选择所喜好的文化因素，诉说不同的情景故事，并将其转化运用在产品设计中。

4.7.3 产品语意表达

在具体产品设计中，应提供以下五种语意表达：

①符合感官理解的形状语意。产品语意表达应与人们对形状的传统理解一致。如图4-27所示，折扇的形态为人们所熟悉，因此，基于扇形设计的电子产品应使用户能够根据形状理解其使用方式。

②提供方向含义。产品语意表达应明确物体间的相互位置和布局层面，如“正面”“反面”“转动”“左旋”“右旋”以及“向前运动”“后退”“立放”“横放”等方向性语意。

图4-26 乔凡诺尼的设计

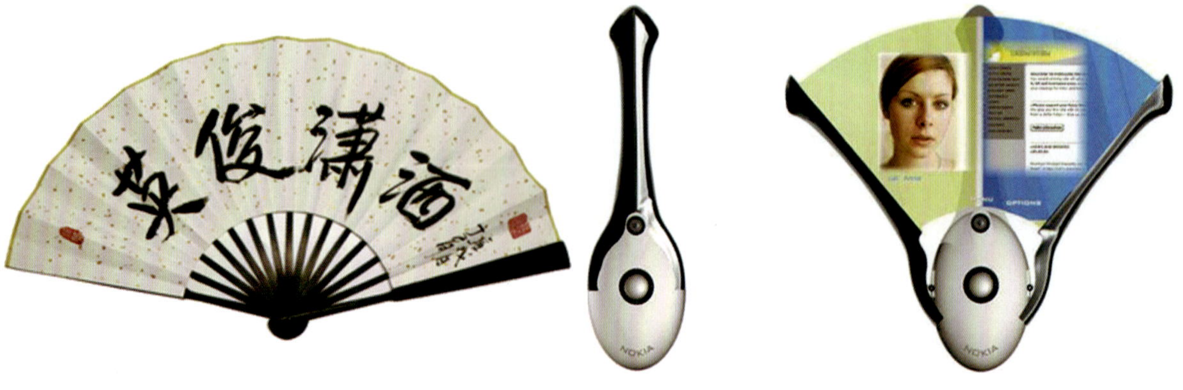

图4-27 以扇形为基础设计的电子产品

③提供状态含义。设计应提供反馈显示，使用户了解产品的内部状态。设计时需要考虑如何表示“静止”“断电”“正常运作”“电池耗尽”“关闭”“锁定”等状态。

④数字产品的比较判断功能。数字产品的语意表达应使用户能够进行比较判断，如在设计中考虑如何表示“大”“小”“轻”“重”“高”“低”“宽”“窄”。图4-28的超薄笔记本电脑通过对比传达其“薄”的概念，包括与其他电脑的对比，以及与产品本身前后部分的对比。

图4-28 超薄笔记本电脑

⑤操作提示。设计必须提供操作装置和顺序的信息，确保用户能够正确操作。应分析动作的特性及使用习惯，如“旋”“拔”“按”的语意。例如，“旋”应增加左右方向的摩擦力，使其省力；“拔”应设计为易于理解的拉起动作；“按”应在接触面设计上使手感更舒适。动态联想可以帮助完成动作形态的塑造，并可通过夸张处理增强其提示性。

【章后习题】

一、多项选择题

1.设计师Michael McCoy在探讨产品造型问题时认为，产品语意造型设计需要考虑以下哪些因素？（　　）

A.环境　B.记忆性　C.操作性　D.反馈

E.程序　F.使用的仪式性　G.人机交互　H.体验

2.产品形态语意的阐述一般包括哪些方面？（　　）

A.功能性语意　B.形态性语意　C.象征性语意

D.关联性语意　E.情感性语意　F.美观性语意

G.质料性语意　H.示意性语意

3.产品形态的塑造原则包括哪些？（　　）

A.符合产品的功能和目的

B.符合自然规律和造物法则

C.符合人的生理、心理特征和行为习惯

D.符合特定地域人群的民俗文化

E.把握时代感和价值取向

F.传达积极的语意信息

G.突出主体语意的诉求

H.与既有产品形成一定的语意延承

4.克里彭多夫将使用者对产品的理解划分为哪四个阶段？（　　）

A.产品辨明阶段（是什么）

B.产品识别阶段（怎么用）

C.自我验证阶段（怎么用）

D.产品的组合式创新（新的形式和用途）

E.发现新形式阶段（还有什么新用途）

F.解读符号语意（有什么意义）

二、判断题

设计师完成某一个作品的创作，实现了产品的机能后，可以通过产品形态向任何使用者传达产品的功能和机能信息。（　　）

三、思考题

1.举例说明在某设计作品中通过形态能够读取哪些态势。

2.举例说明在某设计作品中其能指和所指分别是什么。

3.发现并寻找具有科技感、运动感、力量感态势的设计作品，并说明原因。

四、练习题

选取一种自然元素，对这种自然元素做5种不同方式的剖析及提炼，并以剖析或提炼后的元素为基础设计一款具有某种功能性的产品。

要求：

（1）元素可任意选择；

（2）元素的提炼需要遵循“发现元素—分析元素—提炼元素”的过程；

（3）作业分3张A3纸完成：第一张纸完成发现元素及分析元素的过程，描绘及描述自然界中的动植物，分析其功能、形态等特点，结合课程所述剖析元素的方法对形状、比例、皮骨、态势等进行分析；第二张图纸对剖析后的元素进行提炼，至少运用3种课程中所述方法；第三张图纸设计一款具有某种功能性的产品，使用提炼后的元素。

（4）每张作品部分细节需要上色，表现体量、材质；

（5）注意构图，每张图纸配设计过程说明以及点线面的辅助；

（6）作品应有元素的分析过程、应用过程和文化意义说明。

（7）独立完成。

习题答案及解析

5

典型案例分析

【知识结构图】

典型案例分析

- 5.1 契合形态（重点）
  - 5.1.1 契合概念及形态设计
  - 5.1.2 契合形态特点
  - 5.1.3 二维中的契合设计和契合现象
  - 5.1.4 三维中的契合设计和契合现象
  - 5.1.5 契合形态的总结
  - 5.1.6 契合形态的设计方法和规律
- 5.2 模块化设计（重点）
  - 5.2.1 产品功能的加法
  - 5.2.2 产品形态的加减法
  - 5.2.3 产品设计模块化实际应用
  - 5.2.4 模块化设计的意义
- 5.3 应用案例分析
  - 5.3.1 诺狐品牌应用案例
  - 5.3.2 形态设计发展趋势案例分析——以汽车造型为例

【学习要点】

①通过分析典型形态案例，深入研究案例中的设计元素，如形态、线条、色彩和材质，理解它们是如何共同塑造产品的独特外观和质感的。

②探讨案例中如何融入用户体验，如考虑握持感和操作便捷性，以在形态设计中体现人性化关怀。

③分析产品形态设计如何与市场定位和品牌建设相结合，以及如何通过设计传达产品的价值和品牌形象。

④关注案例中是否应用了新技术和新材料，以及这些创新是如何与形态设计相融合的，从而提升产品的整体性能和吸引力。

学习这些要点，有助于全面掌握产品形态设计的精髓和方法，为未来的设计工作提供有益的参考和启发。

本章教学视频

5.1 契合形态

5.1.1 契合概念及形态设计

契合，从字面上理解，具有符合、匹配的含义。契合形态是根据特定的设计需求或创意表达，寻找形式上相互配合的关系。这种关系可能是形态与形态之间的，也可能是形态与空间之间的，既可以体现在二维形态中，也可以体现在三维形态中。值得注意的是，契合的形式并非偶然发现和使用的现象，而是普遍存在的现象。人们进行契合设计，不是为了契合本身，而是为了满足形态功能表达的需要，展现巧妙创意。因此，契合形态设计可以定义为：根据形态的基本功能要求，找出形态之间的相互对应关系，如上下、左右或正反对应等，使形态相互契合、互为补充。通过契合设计，各自独立的形态形成新的统一体，实现形态功能价值的最大化、材料利用的最合理化、空间的节约和存储的便利等目的。此外，形态的契合设计能够巧妙地使构造的构成形式与丰富多变的外观形态相统一，相得益彰，展现感性与理性交融的美感，并让人领略设计创造的内涵。如图5-1所示，一组黑白两色调味瓶的设计，分开时是两个抽象的小人，眼睛作为调料出口；合起来时具有很好的审美功能，俯瞰时形似太极图。

5.1.2 契合形态特点

产品契合形态必须具备以下特点：

①形态间具有紧密配合的关系，共面共形。

②独立形态间相互对应、互为补充，能通过契合设计形成新的统一体。

③形态间相互契合的关系是为了完成特定功能，这一功能必须通过契合的方式才能体现。

④契合在形态设计中可以是一种设计方法，也可以是形态的一种组合方式。

⑤由契合的设计方法创造的形态必然是契合形态。

⑥契合作为形态组合的方式，既可以创造契合形态，也可以仅是使形态间具有契合的关系，如套叠现象。

注意：契合方法创造的契合形态，无论契合以何种形式呈现，都对形态产生影响。形态间的契合关系旨在实现特定功能，而这一功能仅能通过契合的方式得以体现。

5.1.3 二维中的契合设计和契合现象

20世纪初期，伊顿和纳吉建立了较为完善的科学体系。在平面和立体构成中，从某种意义上来说，开始了较为系统化的契合形态训练，并取得了一批应用契合思想的构成作品。

二维中的契合现象包括正负形和悖论图形。如图5-2所示，在二维图形中，白色和黑色各自能够形成一组图案，同时互为对方的边界。这种正负形在视觉传达设计中有着广泛的应用。

两可图形指的是人在识别图片时，由于选择知觉的目标和背景不同，可能将同一张图看成不同的内容。这是因为人的知觉具有选择性特征（图5-3）。人们感知外部物体的范围是有限的，因此会把一部分物体当作对象，感知得格外清晰；而其他部分则成为背景，感知得相对模糊。但是，作为感知对象的物体并不是固定不变的，原来的感知对象可能随着条件的

合起来时具有很好的审美功能

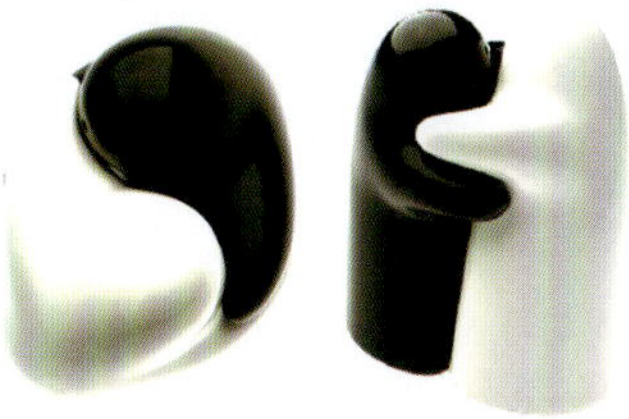

俯瞰犹如太极图的造型

分开时的造型

图5-1 调味瓶设计

变化而成为背景，反之亦然，这二者可以相互转化。

不可能图形是指在现实世界中不可能客观存在的事物的图形，是只会在二维世界中出现的一种图形。不可能图形是由人类的视觉系统瞬间意识对一个二维图形的三维投射而形成的光学错觉，在三维空间中它不可能存在，图5-4为音叉错视和无理空间。

二维契合形态设计的过程：以一个基本的二维图形为单元，对其中两个、三个或四个单元进行不同类型的排列组合，同时考虑空间中图形之间的上下关系。人们总有一种识别和解读图形的心理，即使是云朵或斑点，也可能经过随意想象而确认为一种图形。这是视觉具有整体性组织能力的结果，也是人们追求完形、和谐、整齐、简洁的心理所致。这一设计过程是通过格式塔原理创造平面契合图形，从而感受视知觉的整体性和组织能力，具有一定的试验性和探索性。

5.1.4　三维中的契合设计和契合现象

三维中的契合现象涵盖了立体构成、造型艺术以及立体与空间的关系（图5-5）。在三维契合形态的设计过程中，通常以立方体为原型，通过调整方向、改变大小、剪切和合并等手法来创造出13种不同的契合形态，如图5-6所示。在图5-6中，（d）（g）（i）展示了视觉“闭合假设”中的弥合缺口原理，而（l）展示了视觉“闭合假设”中的忽视参差原理，即视知觉倾向于将复杂的契合形态感知为一个简洁的形态——方形。（j）展示了视知觉将相近形态感知为一个整体，即中间的四个“L”形被感知为一个整体。

图5-2　正负形

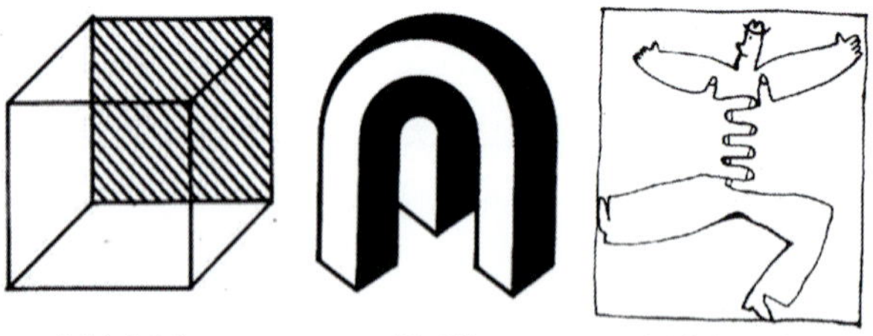

内克尔立方体　商标设计　漫画式的两可图形

图5-3　两可图形

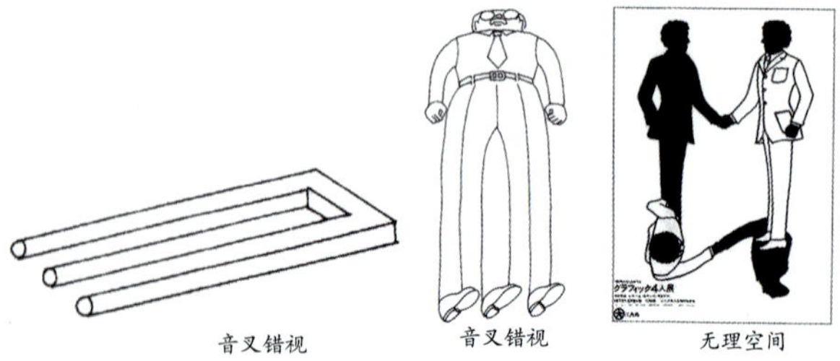

音叉错视　音叉错视　无理空间

图5-4　不可能图形

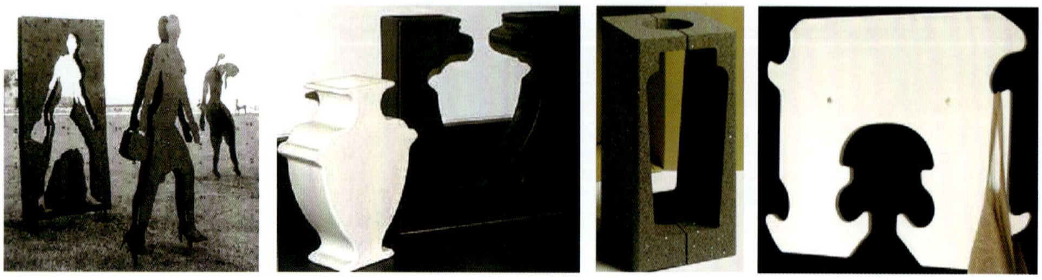

图5-5　三维契合形态

三维形态并不总能直接替代产品。在设计时，除了考虑形态，还应思考形态、功能、材料及工艺等元素之间的相互关系，并利用视知觉的整体性和组织能力，以真实感受契合形态的整体性和简洁性。这有助于分析契合形态的审美价值，并为设计提供依据。通过上述绘图过程，可以总结出一种契合形态的设计方法——单元组合法（图5-7）。

5.1.5 契合形态的总结

无论是二维还是三维的契合形态，它们都是通过契合设计呈现的形态结果，形态间存在相互紧密配合的关系、共面共形的特性以及部分与整体的关系。到了20世纪末期，随着人类社会高速发展，空间与资源的矛盾日益凸显，契合形态设计的重要性也日益显现：它能够扩大功能价值、节约材料和空间、减少资源投入，符合绿色设计的理念。

（1）契合形态的特征

契合形态通常具有三种特征：对应性、独立性、整体性。以下是这些特征的例子：

①对应性

如图5-8所示，电话主机和话筒形成完整的契合形态。通过标识的黄色线条可以看到，主机突出的部分与话筒凹进的部分相互吻合，这种对应性使两个形体能够紧密结合。

②独立性

如图5-9所示，这是大阪国际设计竞赛中的获奖作品，即一个玩具设计案例。整体玩具具有可玩性，而构成整体的个体也是一个完整的形态，具有玩具本身的趣味性。

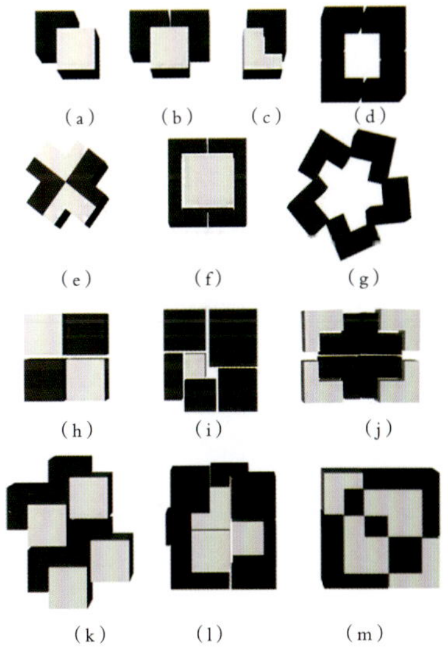

图5-6 三维契合形态设计过程

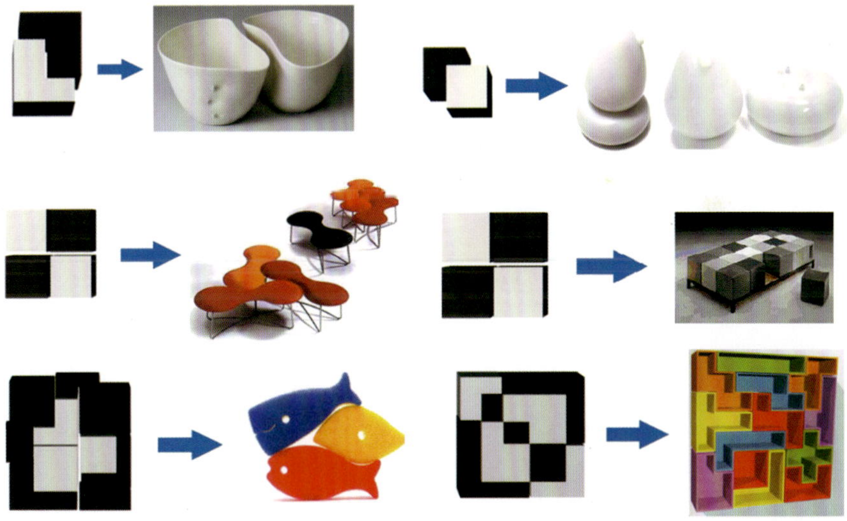

图5-7 单元组合法

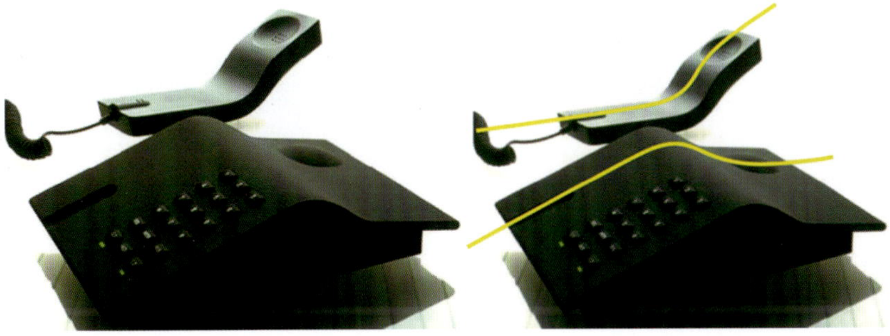

图5-8 电话机设计

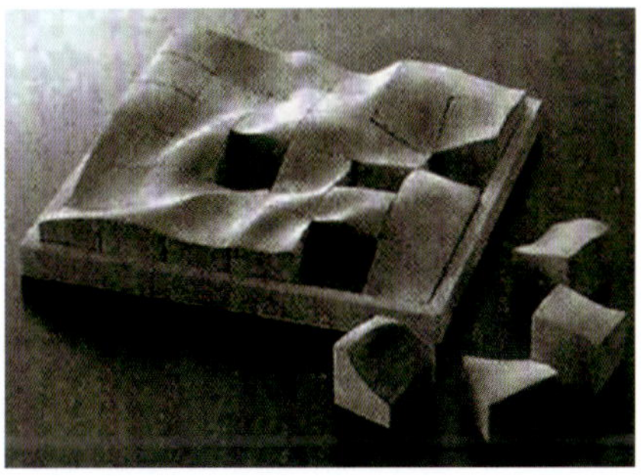

图5-9 大阪国际设计竞赛获奖作品

③整体性

整体性表现在两个方面：一是可分可合的整体性，如图5-10所示；二是不可分割的整体性，如图5-11所示，椅子左右对称，具有完整的形态和使用功能。

（2）契合形态美的体现

①形式美法则包括分割、对称、均衡、和谐四要素。

分割：在形式美法则中，分割有自由分割、等形分割和等量分割三种方式。无论是玩具、键盘还是座椅，都存在自由分割以及左右对称或上下对称的等形分割。等量分割的产品通常具有模块化特征。

对称：契合形态的对称可以是整体契合形态的对称，也可以是形态与形态之间的对称。

均衡：契合形态的均衡感由两个形体之间的比例、大小和相互对应关系决定。

和谐：契合形态符合形式美法则的和谐，主要表现在多样性的统一和统一中的多样性。

②契合形态的美还体现在形式心理上，包括力感、动感和空间感。

力感：图5-12（a）的花瓶形态紧密结合，饱和的造型展现出向外扩张的力量。

动感：图5-12（b）的一组流动曲线体现了形态的动感。波浪线之间相互契合，具有模块化特征，并可以不断组合扩展。

空间感：图5-12（c）的座椅闭合后呈球状，闭合形态的心理空间最小，形态间紧密结合，无任何空间缝隙，从而产生一种紧凑感。

5.1.6 契合形态的设计方法和规律

（1）“分割”与“重构”法

设计步骤为：

①运用系统思想，构想出一个整体形态（构思可在平面视图中进行）；

②根据功能需求对整体形态进行分割，确保形态间存在共面共形的特性（在平面图上，形态投影应展

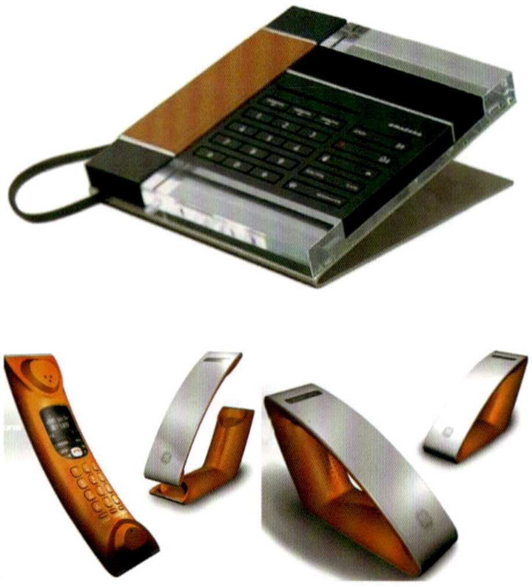

图5-10 电话机

图5-11 椅子

（a） （b） （c）

图5-12 契合形态美

现共线共形特点，分割线应为共面线）；

③通过重构，将分割后的形态重新组合成原始整体形态，以验证其完整性（契合形态必须能够将独立形态再次组合成一个整体）。

（2）单元组合法

设计步骤为：

①运用系统思想，先创造一个基本形态；

②以第一个形态轮廓线的某部分作为共面共形的连接点，并基于此设计第二个形态；

③将两个形态组合，形成新的统一体。

（3）拼板式设计方法

设计步骤为：

①确定设计思路，构思出平面整体形态（在忽略厚度的情况下，平面材料可视为二维形态）；

②设计时先确定一个或两个主要形态，然后根据空间关系补充其他形态（通常设计五个及以上形态，此为平面图形设计过程）；

③完成平面图形设计后，根据轮廓线切割形态（类似“图底互换无间隙设计”，形态间应存在共线共形特性）；

④将切割后的形态拼合，恢复至原始平面材料形态，验证其完整性。

（4）平面材料的立体化

设计步骤为：

①运用系统思想，构想出平面整体形态；

②根据功能和结构要求对平面材料进行切割，确保形态间共线共形（切割时应进行系统构思，区分哪条线应切开、哪条表示材料折曲）；

③利用切割线作为弯曲或折曲的分隔线，完成平面材料向立体形态的转变；

④立体契合形态完成后，借助想象将其还原为原始平面材料形态，以验证其完整性（某些整体契合形态可还原为原始平面材料）。

5.2 模块化设计

5.2.1 产品功能的加法

模块化设计是将两个或两个以上的元素有机地结合，形成具有新功能、新结构和新形态的产品。其设计原则包括需求原则、1+1>2原则、可实现性原则和经济性原则。产品功能的加法指的是在需求分析的基础上，保留合理且可实现的功能，并将其有机结合。例如，A功能模块+B功能模块+C功能模块+D功能模块，最终形成一个集成了多种随身电子化功能的智能手机，包括通信、办公、影音娱乐、摄影摄像等。

5.2.2 产品形态的加减法

模块化设计的另一个重点是产品形态的加减法，这基于功能模块的加减。组合类型示例：针对A产品，有三个形态语意要素模块。将这三个模块组合形成形态1，在这三个模块的基础上减去一个语意模块形成形态2，再减去一个语意模块形成形态3。图5-13展示的是一个组合家具设计，包含三个模块，其中两个模块相同，可视为板凳，另一个是T字形台面。通过不同的排列组合，可以形成不同的加法组合方式，

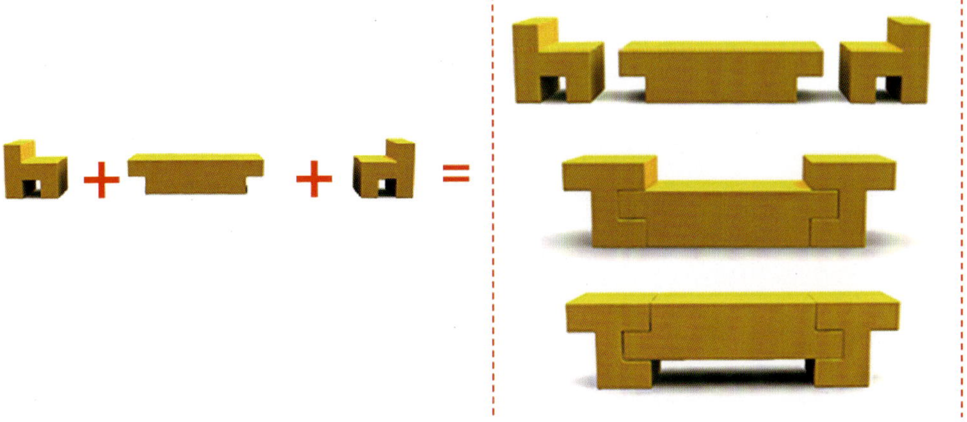

图5-13 组合家具设计

这些方式取决于板凳的放置。当模块分开时，通过减法，可以看到它是两把椅子和一个桌面的组合，其组合形式随椅子的摆放位置和方式而异。

注意：加法方式不一样，会导致最后的整个产品形态不一样。

5.2.3 产品设计模块化实际应用

产品设计模块化的实际操作可分为四个步骤：

第一步，对产品进行分析，回归产品的本质功能。

第二步，从本质功能出发，构建其他需求功能模块。

第三步，根据前期消费需求和设计约束等，保留合理的产品功能。

第四步，根据产品功能定位，构建单个功能模块，并通过加法组合成不同的整体形态方案。

以图5-14的音响设计为例：

第一步，回归到音响的本质功能——声音播放。

图5-14 一组音响的设计

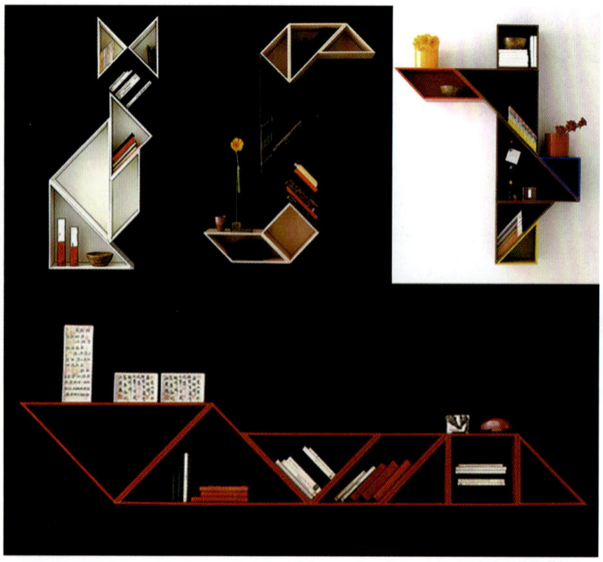

图5-15 七巧板书架

第二步，构建其他需求功能模块，如时间显示、可移动性、可组合性等。

第三步，保留合理的产品功能，如核心播放功能和时间显示。

第四步，从组合类型出发，先构建单个功能模块，然后通过加法组合成不同的整体形态。图5-14展示的组合方式类似于乐高积木，通过凹凸接口实现插拔式组合。

5.2.4 模块化设计的意义

模块化设计的意义主要体现在以下几个方面：

（1）缩短设计周期

在模块化设计过程中，通常先选取一个或若干个具有可组合性的标准形态元素，然后对这些元素进行不同的排列组合，并在形态上进行适当的加减，以形成一个新形态。最后，添加功能、材质、工艺等，使其成为一个完整的产品，从而有效缩短产品设计周期。

（2）便于维护和环保

模块化设计可以将产品中对环境或人类可能有害的部分、使用寿命相近的部件等集合在一个模块中，便于进行拆卸、回收、维护和更换。这种设计的一个显著优势是，一旦某个部件损坏或到达生命周期尽头，只需对其进行更换或维修。模块化设计有助于延长产品使用寿命，提高产品与环境的兼容性，是绿色设计中的一种重要方法。

（3）简化产品结构，降低成本

模块化设计中，模块间的排列组合要求结构尽可能简单，以确保良好的兼容性。这种简化的结合方式不仅简化了产品结构，还相应降低了成本。

图5-15展示了一个经典的模块化设计案例——七巧板书架。其基本模块单元包括三角形、平行四边形、正方形等标准几何形状。通过色彩和排列组合的变化，这些模块可以组合成各种不同的造型，既具有乖巧、仿生或抽象的风格，又展现出良好的延展性和适应性。这种设计能够适应多样的空间需求，无论家居风格如何，或摆放位置大小，都能灵活适应。单独一个模块也能满足摆放书本的功能，这一设计在全球范围内具有很高的接受度和辨识度。

图5-16展示了一个书桌的模块化设计案例，这是一个组合型模块化设计。当桌子组合在一起时，形成一个完整的正方体，展开后可见由六张桌子拼合而成。这种设计在组合状态下极大地减少了产品占用的空间，便于运输和存储。展开后，每张桌子的支撑方式各异，适用于多种场景，显示出极强的适应性。这种模块化设计注重结构设计，要求形态与结构的相互配合。

图5-17展示的是一个书架设计案例，其采用了常见的俄罗斯方块形态。俄罗斯方块游戏中有若干个标准模块，通过这些模块的变化组合，可以形成多种形态。在这个设计案例中，书架包含了实心和空心的俄罗斯方块模块。实心模块与空心模块的搭配是基于产品实用性的考虑。实心模块配有面板，可以隐藏放置的物品，满足家居生活环境的需要。此外，色彩的组合增强了产品的适应性。

图5-18展示的是一个标准的形态模块化设计案例，是一组主题坐具，包括四把椅子和一张茶几。设计师在设计这款作品时，先选定一个整体形态，在此基础上进行修剪和分割，使分割后的形态具有特定意义。最终，产品在功能和材质方面也满足了功能性要求。

图5-16　模块化书桌设计

图5-17　模块化书架设计

图5-18　模块化坐具设计

图5-19展示的是一个户外家具造型设计案例，其运用了模块化设计手法。模块化设计在家居产品设计中应用广泛，因为模块间的组合和形态结构需要灵活多变，而家居设计可以满足这种需求，且不需要特别精密的结构。案例中的户外家具组合呈现子弹造型，分离后则是四把座椅和一张茶几，排列组合非常独特。逆向解读设计流程如下：先确定整体形态，选择子弹造型；然后对整体形态进行减法操作、切割和分割，采用直线、曲线等多种切割手法，最终形成这种组合方式。设计师在设计过程中通过形态验证了其可行性。这种设计方法和流程与传统的以单元模块为基础，通过排列组合得到整体构造的方法不同，体现了一种完全相反的设计思路。

图5-20展示的是一个公共空间的模块化设计案例，其模块是六棱柱。模块内部可以与多种产品结合，实现不同功能，如栽树种草、放置座椅等。在同一模块内植入不同功能，可以实现产品的模块化，达到标准化施工、缩短施工周期以及降低成本的目的。

5.3 应用案例分析

5.3.1 诺狐品牌应用案例

以诺狐品牌的设计及其企业的发展作为案例，分析形态在产品设计中的应用。广州品牌诺狐创立前是一个小工作坊，全企业不超过三十人，主营业务是潜水料内胆包代工，2012年企业总营业额仅几十万元。2013年，企业面临内胆包市场萎缩、加工单数量下降、每单加工利润极低等问题，无法满足企业发展需求；同时，企业创始人意识到企业缺乏核心竞争力。

我国自改革开放以来，企业经历了技术驱动创新、市场驱动创新和设计驱动创新三种模式。技术驱动创新注重发明新产品、市场化及提升产品性能和降低成本。市场驱动创新要求企业提高质量管理体系、关注用户满意度和开拓新市场。到了21世纪，特别是2010年后，设计驱动创新要求企业专注于消费者需求。基于此，诺狐企业调整了战略目标，分析市场现

图5-19 模块化家具造型设计

图5-20 公共空间模块化设计

状后发现了市场机会点（图5-21）。

诺狐企业进行了SWOT分析（图5-22），清晰认识到自身优势和劣势。优势在于设计师的明星效应能帮助扩大品牌知名度；企业是潜水料加工代工企业之一，掌握原料源头；品牌和产品定位清晰，企业和团队强烈意识到创新和培养创新设计团队的重要性，并引进了国外先进质量管理技术。但劣势在于品牌传播系统不完善、地域问题导致人才招聘困难、缺乏高效规范的内部运行机制和品牌塑造思维。因此，企业整体搬迁至广州以更好地筛选人才，并加大生产力度为其提供了发展空间，这为企业带来机会。同时，诺狐发现同行业品牌意识普遍较低，这为企业提供了先发优势。当然，企业也面临挑战，如国内创新水平低下导致的价格竞争，以及原创设计被抄袭的威胁。因此，企业需要不断完善品牌发展策略，将设计优势转化为战略优势。

由于诺狐企业长期从事内胆包代工，对箱包类产品有深刻理解，同时作为潜水料生产厂家，拥有原料优势。因此，诺狐决定利用潜水料的独特性质来寻找市场机会。一方面，对外在机会进行消费者分类，将消费者分为儿童、青少年、青年、中年和老年；另一方面，对可以使用潜水料的产品进行梳理，包括潜水服、运动用品、箱包、塑身礼品和钓鱼裤等。在市场阵列图中，设计人员发现了市场机会，并决定将产品定位于儿童和青少年使用的箱包及体育用品（图5-23）。

企业确定市场方向后，需要对产品进行深入调研（图5-24）。以儿童包为例，市场上的儿童包特点为儿童使用、父母购买，造型需满足消费者的使用体验。这一领域存在巨大的商业机会，国内尚未有大型儿童背包企业占据市场。潜水料轻盈、透气、色彩丰富，与儿童包市场需求和产品特性高度契合。

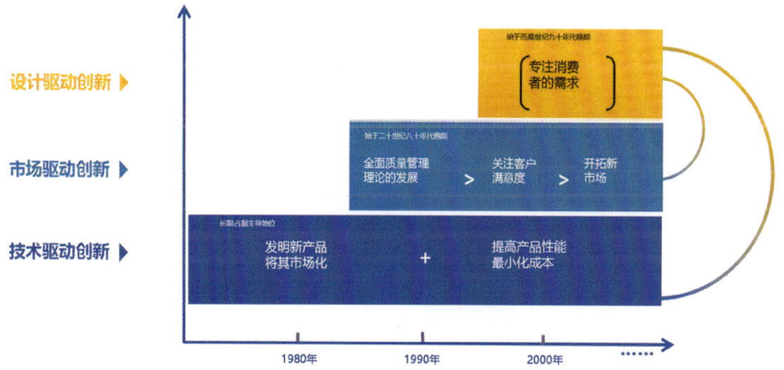

图5-21　市场现状分析市场的机会点

图5-22　诺狐SWOT分析

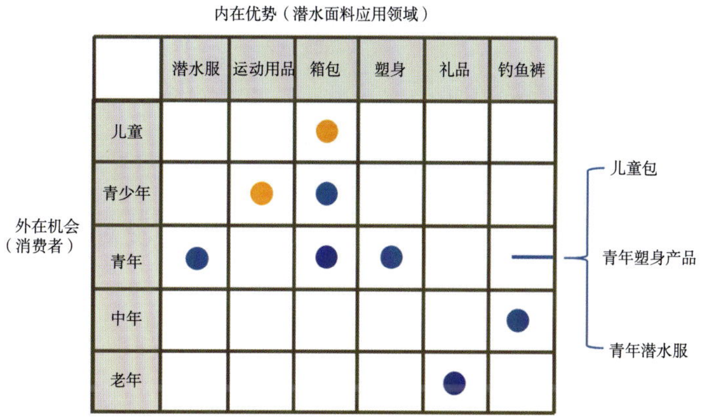

图5-23　机会领域分析

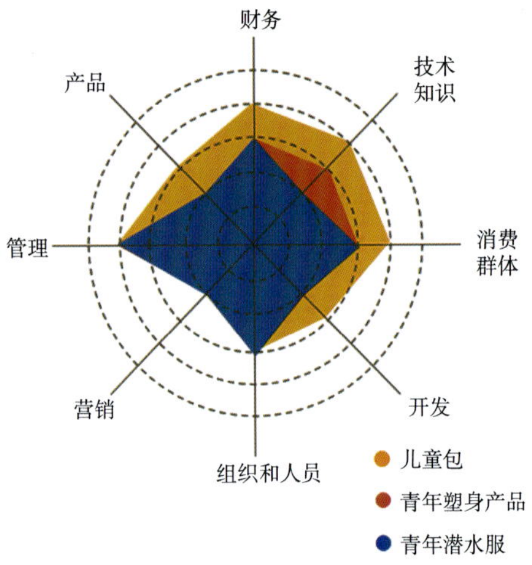

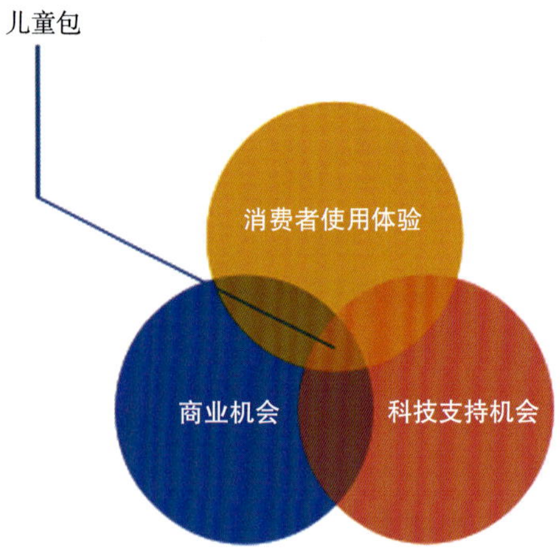

图5-24 调研分析

接下来，对产品进行明确定位和具体设计。市面上的儿童背包分为成本导向、利润导向和品牌形象导向三种形式。设计师最终决定以品牌形象为导向推动产品研发，以消费者为中心，强调用户体验，确立了以用户体验为核心的产品设计理念，旨在为用户带来舒适、贴心和新奇的品牌体验。

以图5-25的小女孩所背的蝴蝶背包为例。传统的蝴蝶背包设计通常只是在背包展示面上绘制一个二维蝴蝶图案，色彩并不丰富，有的厂家的产品甚至显得简陋。相比之下，诺狐的设计师们将用户体验、舒适贴心和新奇感受融入产品设计，创新性地将蝴蝶形态

图5-25 诺狐蝴蝶背包图

设计成立体感十足的2.5维效果。所谓2.5维，是指大部分设计仍为平面，但特定部分，如蝴蝶的翅膀，能够以立体形式突出，这样设计使儿童与背包之间产生积极的互动，让孩子们在使用背包时感受到乐趣。这款背包不仅外观吸引人，还实现了用户与产品形态的互动。此外，背包的缤纷色彩也充分展现了潜水材料的优势特性。

这款背包作为一款试销产品，市场反应积极，从而验证了设计师们设计方向的正确性。基于此，设计师们确定了整个产品系列的设计研发策略，即创造既符合市场需求又满足用户喜好的产品。什么样的产品才能既符合市场要求又符合用户喜好呢？在广泛调研和深入分析的基础上，设计师们将目标用户定位为3至8岁的孩子。选择这一年龄段的原因在于，3至8岁是儿童智力发展和性格形成的关键时期，培养他们主动学习和尝试新事物的生活习惯尤为重要。

诺狐品牌在设计上大量运用动物形象，并采用鲜艳的色彩，致力于将2.5维的动物形象融入背包设计中，以此增强儿童与产品的互动性。在形态设计上，诺狐摒弃了传统背包的前中后结构，采用立体剪裁设计对材料进行创新，重新塑造产品外形，赋予产品新的生命和造型语意；在结构设计上，诺狐通过创新还原动物本真，使产品更加形象生动；在功能上，基于用户调研，针对用户需求对产品功能进行改良和优化；在系统方面，立体剪裁设计减少了内部承托物，通过不同区域材料的厚度控制、整体设计的简约化等

系统创新，显著减轻了包的重量，中等体型的包重量仅相当于一个普通苹果（图5-26、图5-27）。同时，诺狐对产品市场进行了细分，产品线按年龄分层，随着孩子年龄的增长，背包尺寸和功能也随之增大和丰富（图5-28）。对于3岁儿童而言，背包可能仅是玩具，但对于6岁儿童，背包除了是玩具外，还具备许多实用功能。

经过几年的设计创新，诺狐在材料特性的合理利用，产品的造型、功能、结构等方面取得了显著发展。品牌产品线日益丰富，拥有一百余款产品，形成了森林、海洋等系列。企业业务能力大幅提升，2015年销售额与2013年相比增长了10倍。这一案例展示了设计作为商业竞争的战略手段，其核心任务是帮助企业创造符合企业文化和品牌形象的产品，使消费者能通过其独特设计语言将其产品与其他品牌的产品区别开来（图5-29）。

图5-26　造型创新

图5-27　结构创新

图5-28　细分市场

图5-29　企业发展分析

5.3.2 形态设计发展趋势案例分析——以汽车造型为例

以汽车造型为例，分析形态设计的发展及变化。总体来看，汽车发展经历了七个阶段：1335至1890年的萌芽期、1890至1925年的古典设计时期、1925至1945年的经典流线型设计时期、1945至1975年的现代设计发展期、1975至2000年石油危机之后的现代设计时期、2000至2010年的新生期，以及2010年以后的新能源和互联智能设计时期。接下来，将以这七个阶段的汽车形态设计或造型设计的发展为例，解读产品的形态设计（图5-30）。

（1）第一阶段：萌芽期

第一个阶段始于1335年。图5-31展示的是有史料记载的第一台自动行驶车辆。这台车不依赖人力和畜力，以风为动力，由意大利人于1335年发明，携带大大的风车，体积庞大。1478年和1485年分别发明了自动行走车和装甲战车。1712年，世界上第一款蒸汽动力发动机问世。1769年，世界上第一台蒸汽机驱动的汽车诞生（图5-32），其造型质朴、可靠、耐用，独特的三轮大板车车身布局和车头的庞大锅炉造型，显得笨拙。车轮为马车木质车轮，缺乏舒适性，座椅狭小，仅是一个小凳子。行驶时产生的巨大烟雾使驾乘体验非常糟糕，驾驶员和乘客会被烟熏火燎，且没有任何遮风避雨的设备。

1803年，为解决蒸汽汽车锅炉前置导致的驾乘体验问题，设计人员将锅炉移至汽车尾部，但又导致车身过高，行驶颠簸。目前，仍有一款能行驶的蒸汽汽车——“侯爵夫人”号，这是世界上仍能行驶的最古老汽车（图5-33）。它是一辆敞篷蒸汽汽车，采用背

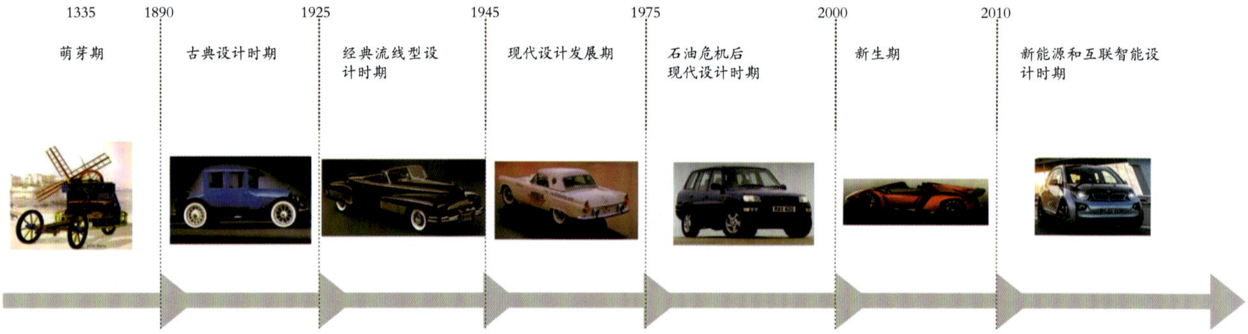

图5-30 汽车形态发展

图5-31 意大利人发明的交通工具

图5-32 蒸汽机驱动的汽车

图5-33 “侯爵夫人”号汽车

靠背布局，可搭载四名乘客，需45分钟预热以产生足够蒸汽驱动汽车。当时，大型蒸汽汽车因体积和动力大成为城市公共交通工具。

蒸汽汽车设计的美学特征主要体现在以下几个方面：

①车身比例奇怪，锅炉比例大，占据体积庞大；

②采用马车车厢布局，结构简单，无门设计；

③车轮造型简单直接，源自马车车轮；

④烟囱和蒸汽是其最显著的特色（图5-34）；

⑤设计上虽缺乏传统美感，但趣味性极强。

（2）第二个阶段：古典设计时期

1890至1925年是古典设计时期。当时，汽车设计者的主要任务是通过技术手段解决核心问题，即如何让车更像车。这一时期的汽车设计与汽车发展相对滞后，功能决定形式是设计的主要特色。造型设计保留了手工工匠的制作风格，尚未成为大规模工业产品和进入大众日常生活，仅是少数人尝试探索的工具。设计具有强烈的个人审美色彩，造型常由车主决定，呈现出多样化的格局。

在这一阶段，设计工作主要由马车制造商和手

图5-34 冒着浓烟的蒸汽汽车

工工匠完成，使汽车造型呈现出质朴而简单的美学特征。马车式的汽车造型逐渐转变为厢式造型，如图5-35所示。在这个转型过程中，发生了四个主要变化：

①汽车设计变得更加好用可靠；

②手工艺设计转向大批量工业设计；

③无马的马车设计转变为能遮风避雨的箱子设计；

④从少数人的个性化玩具设计转变为多数人的家用共性设计。

1908年，福特T型车问世，带来了多项技术创新，如挡风玻璃、汽车方向盘、车灯、刹车系统、底盘、金属车身结构和充气轮胎，标志着现代汽车的雏形诞生。

1915年，福特生产的厢式T型车将汽车布局基本锁定为三厢式布局，发动机舱、驾乘舱、行李舱分别独立设置，同时为驾乘舱增加了侧门和玻璃，为驾驶员和乘客提供保护，使汽车驾驶更加安全舒适。这款车即使在恶劣交通环境下也能长途行驶，极大提高了汽车使用的便利性。

这个阶段的汽车美学特征主要包括以下几点：

①古典之美。汽车车厢设计灵感源自欧洲宫廷式车厢造型，这为汽车造型的未来发展奠定了基础。欧洲的汽车设计思想根植于马车，发动机舱常设计为盒子型，前进气格栅多为竖长型，借鉴了罗马柱的造型，显得非常气派。这一特征至今仍在高端豪华车型中得以沿用。轮胎的造型也受到马车车轮的影响，以放射状细辐条为主，前轮配以包裹式长条挡泥板，成为这一时代的美学特色。

②工艺之美。早期的古典汽车多为手工制造，手工艺的水平直接决定了汽车的美学价值。例如，汽车座椅、方向盘、仪表盘等皮革部件的制作工艺，源自制作马鞍的工艺。至今，豪华品牌汽车内饰设计依然保留着手工艺的痕迹。圆形车灯、喇叭、玻璃、方向盘、仪表盘、刹车片、座椅、轮胎钢条、品牌logo等，都展现出独特的工艺价值之美。

③运动之美。在汽车发展的早期，对汽车运动性能的挖掘和追逐，以及对汽车赛事的关注，成为行业的热点话题。为参加赛事而设计的赛车具有独特的美学意义。这些赛车形式简单，驾驶舱局促狭小，没有挡风玻璃、车棚、挡泥板，轮胎裸露，体现了原始的驾驭冲动。

④梦想之美。在汽车发展的早期阶段，设计形式相对简单，制作水平总体上跟随机械工程、发动机布局及轮胎形式的发展。这一阶段的汽车造型美学更多展现出一种天真情怀，反映了人类对汽车古朴而原始的梦想。

⑤旅行之美。在车身形式上，当时普遍采用旅行车的车身形式，大敞篷式布局基本源自马车。车顶设计简易，起到基本的遮风挡雨作用，满足了人们基本的观光旅行需求。

该时期出现了一些经典车型，如1931年的迈巴赫齐柏林。迈巴赫齐柏林以其异常宽敞的内部空间和柔软皮革包裹的座椅而著称，提供了极高的舒适性。与

阶段一：马车式造型

阶段二：厢式造型

图5-35 阶段一到阶段二的发展

英国贵族气息不同，迈巴赫齐柏林代表了典型的德国式奢华，其设计理性严谨，注重技术和细节（图5-36）。

（3）第三阶段：经典流线型设计时期

1925至1945年标志着汽车设计发展的第三个阶段——经典流线型设计时期。在这一时期，汽车造型经历了从厢式到流线型的三个主要变化：

①从好用可靠的设计发展为注重审美的设计；

②从大批量统一化的设计转变为细分市场设计；

③从遮风避雨的厢式设计转变为摩登时尚的流线型设计（图5-37）。

这一时期汽车造型演变的原因主要有：

①“一战”后，汽车工程技术日益成熟，工程师发现除了发动机性能外，汽车布局方式也是提升汽车运动性能的重要手段。

②厢式造型风阻系数较大，而流线型能显著降低风阻，提高速度。

③受航空飞机设计的启发，汽车工程师开始注重流线型车身设计。

同时，随着战后经济的快速发展，欧美平民也能负担得起汽车的价格，福特T型车的大规模流水线工业制造方式推动了汽车从手工组装方式向大规模流水线制造的转变，为汽车设计奠定了基础。

1927年，通用汽车聘用了好莱坞电影汽车车身制造商哈利·厄尔，他创立了汽车色彩与面料部门，首次将汽车设计作为独立的研发部门。哈利·厄尔提倡“有计划废止制度”，这一理念开创了汽车设计史的新篇章，使汽车设计成为市场营销的重要工具。

通用汽车凭借汽车设计的创新，超越了福特汽车，成为世界第一大汽车制造商。流线型设计让汽车变得更加美丽时尚。当时电影技术的发展提升了人们的生活体验，马车式的造型逐渐被人们视为笨拙、缺乏设计感的形象。时代趋势的巨大变化使得福特T型车被流线型汽车所取代。如图5-38、图5-39所示，流线型美学代表了摩登时尚，象征着低风阻、简洁、新潮、快速、性感和流畅。

以福特T型车和德拉海Type165为例，我们可以对比厢式美学和流线型美学的不同特征。厢式美学造型

图5-36 迈巴赫齐柏林

阶段二：厢式造型

阶段三：流线造型

图5-37 阶段二到阶段三的发展

的汽车通常更高更窄，发动机进气格栅直接安装在车体上。相比之下，流线型美学造型的汽车更强调整体的流畅设计。厢式美学的汽车各部件设计较为独立，而流线型美学的汽车将零部件（如车灯、格栅等）经过精心设计，使其更为圆润、动感，造型简洁而优雅，更好地符合了对汽车速度感的追求。

布加迪Type57C是流线型美学汽车设计的典范。从1934年开始到“二战”爆发，布加迪共生产了685辆车（图5-40）。另一款经典的流线型汽车是大众甲壳虫，如图5-41所示。初代甲壳虫是大众汽车公司在1938至2003年间生产的一款小型轿车，它成为全球汽车史上较为畅销的车型。甲壳虫的历史起源于20世纪30年代的德国，当时希特勒希望生产一款广泛使用的大众化汽车，并委派工程师费迪南德·波尔舍完成这项任务。希特勒对这款车的要求是能乘坐两个成年人和三个儿童，最高时速达到100 km/h，售价不超过1000马克等。波尔舍在接到任务前已简述了这款车的技术参数，直到得到政府支持后，于1936年10月12日推出了首款甲壳虫汽车。

（4）第四阶段：现代设计发展期

1945至1975年是“二战”后现代设计的发展期，标志着汽车设计发展的第四个阶段（图5-42）。在这一时期，汽车设计从流线型造型演变为各国独具特色的风格。具体表现在：

①从注重审美的设计转变为个性化的设计；

②注重细分市场的设计和商业化的设计；

③从注重摩登时尚的流线型设计转变为浮夸的设计。

各国在这一阶段形成了自己独特的设计语言和风格。喷气式飞机的兴起为汽车设计带来了新灵感，喷气式汽车设计在这一时期成为美国主流美学的代表。通用汽车的设计师哈利·厄尔为通用汽车设计了一系列具有飞机造型特征的车型，开创了战后汽车设计中张扬奔放的高尾翼风格，极具美国特色。美国汽车设计的美学特征包括：

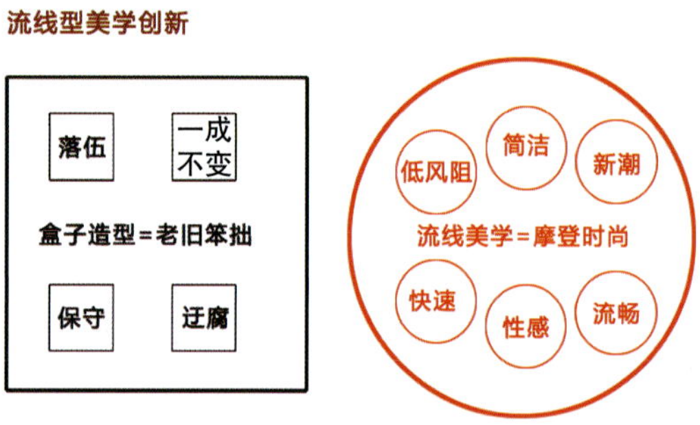

图5-38 流线型美学创新

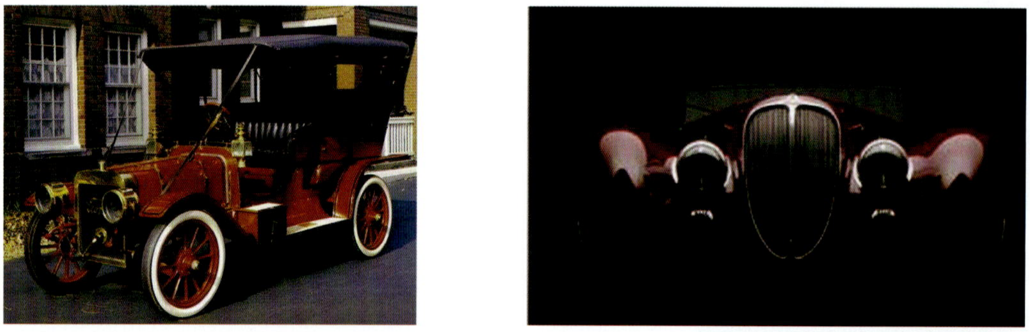

图5-39 福特T型车和德拉海Type165

图5-40 布加迪Type57C

图5-41 甲壳虫汽车

①夸张的镀铬装饰；

②高耸的尾翼；

③气泡型玻璃窗；

④飞船式汽车布局；

⑤飞机喷气尾管设计（图5-43）。

20世纪60年代，随着美国经济的高速发展，人们开始追求独特新颖的车型。福特汽车公司发现年轻人对大马力、充满激情和个性的跑车有浓厚兴趣，从而开启了美式“肌肉车”的设计传奇。美国三大“肌肉车”包括福特野马（Ford Mustang）、道奇挑战者（Dodge Challenger）和雪佛兰科迈罗（Chevrolet Camaro），如图5-44所示。

欧洲在汽车设计上并未受到美国激进式设计的影响，作为汽车设计的发源地，欧洲始终坚持在自己的设计领域自行发展。英国在第二次世界大战后涌现出一批优雅经典的汽车设计成果，如捷豹E-type。捷豹E-type以其优雅、纯粹的设计理念、卓越的操控性能和外观超越了其所处时代，且售价远低于竞争车型，成为高销量的高性能汽车。在14年间，捷豹E-type的销量超过了7万辆。捷豹E-type的惊艳造型——长长的发动机罩、圆形头灯配以玻璃灯罩、椭圆形的进气格栅、性感的尾部线条设计，均为世界汽车美学的

阶段三：流线型造型

阶段四：各国风格造型

图5-42　阶段三到阶段四的发展

银光闪闪的镀铬件

高耸的尾翼

气泡型玻璃窗

飞船式汽车布局

飞机喷气尾管设计

图5-43　汽车造型特征

图5-44　美国跑车

经典之作。恩佐·法拉利甚至称赞捷豹E-type为“世界上最美的汽车”。英国不仅拥有如捷豹E-type这样的美丽汽车，20世纪60年代，伦敦时尚圈还掀起了全球性的迷你裙时尚运动。迷你裙的出现与汽车息息相关，Mini作为一款个性十足的小型两厢车，能够轻松容纳四个成人及一些行李，同时拥有MG跑车那种个性鲜明的设计风格。捷豹E-type、Mini、MG跑车共同奠定了英国的设计风格，即绅士文雅的英式风格（图5-45）。

德国的设计风格一直以细腻、严谨著称，始终遵循形式服从功能的德式美学，如保时捷911。保时捷作为世界著名的豪华跑车品牌，自1963年推出第一代保时捷911以来便大获成功。其蛙式前大灯已成为品牌标志，溜背造型带来优秀的空气动力学效果，性感而圆润的曲面设计深入人心。除了保时捷，德国还有奔驰、宝马、大众等知名汽车品牌，这些品牌都遵循着严谨的造车理念和汽车设计理念。因此，德国的汽车设计理念和风格体现了形式服从功能的德式美学原则（图5-46）。

意大利是众多超级跑车的诞生地。例如，法拉利275，由意大利著名的宾尼法利纳设计公司于1964年设计，具有里程碑意义的车型——法拉利250、法拉利275，都是速度与优雅的完美结合，被誉为优雅设计的典范。1967年，玛莎拉蒂生产的一款双门轿跑车，其外观造型由意大利著名设计师乔治·亚罗设计，其圆滑平顺的车身和鲨鱼式的前脸令人难忘，无疑走在了时代的前沿。兰博基尼则以其极具攻击性的设计，相对方正的车身和棱角分明的线条，明显区别于意大利其他跑车品牌。意大利的设计美学特征可以归纳为自由艺术的美学。

在这个时期，北欧汽车的设计美学以简洁自然的风格著称，沃尔沃和萨博是其典型代表。法国汽车设计则呈现出自由浪漫的美学特征，如雪铁龙和DS系列车型。

图5-45 绅士文雅的英式风格

图5-46 形式服从功能的德式美学

（5）第五阶段：石油危机之后的现代设计时期

石油危机之后，汽车设计进入到第五个发展阶段（图5-47）。代表奢华主义的高尾翼汽车，连同美国人引以为傲的大车身、亮丽装饰和大排量发动机，都随着石油危机的到来退出了历史舞台。石油危机之后，汽车产业格局发生了巨大变化：传统汽车产业国如英国面临衰败，而德国和日本的汽车产业迅速崛起，美国传统三大汽车公司遭遇衰退。丰田借此机会主推小型省油轿车，凭借铺天盖地的广告攻势和优惠价格赢得了美国市场，上百万辆车被抢购一空，本田、五十铃等品牌也纷纷效仿。同时，汽车设计美学也在转变，汽车造型设计回归理性，消费者对汽车的看法从崇拜转为忧虑，汽车因巨大的石油消耗成为环境保护主义者批评的对象，原本美式的豪华浮夸、装饰主义的美学价值被抛弃，转而回归理性、线条之美的汽车美学。

在这个阶段，汽车造型经历了从各国独具风格的设计向盒子造型的转变，具体转变体现在：

①从个性化设计转向理性设计；

②从商业化设计转向更紧凑的设计；

③从浮夸的设计转向简约的盒子造型。

这一时期，日本汽车以其小巧、省油、经济和简洁可爱的外观取得了巨大成功，赢得了众多消费者的青睐。同时，一些新车型应运而生，如丰田推出的首款SUV车型RAV4。RAV4是一款运动型多用途车，定位于休闲，兼具越野车的通过性和轿车的舒适性，在城市中广受欢迎。此外，MPV车型开始崭露头角，它们从旅行汽车演变而来，集合了旅行车的宽敞空间、轿车的舒适性和厢式货车的功能性，通常为单厢式结构，即多用途车，可容纳七八个人。

（6）第六阶段：新生期

2000年以后，汽车造型设计进入到第六个发展阶段（图5-48）。随着计算机辅助设计技术和虚拟显示技术的广泛应用，汽车设计领域取得了显著进步。80后成为消费主力，计算机互联网时代的到来极大地改变了人们的生活形态和观念，消费者开始追求更多样化的汽车设计。2000年之后的汽车设计呈现出新边锋主义美学、新雕塑主义美学、新经典主义美学、新酷玩主义美学等多元化特征。

汽车造型设计的演变经历了从盒子造型到情感化造型的转变，具体表现在：

①从理性的设计转变为富有激情的设计；

②从紧凑的设计转变为具有雕塑感的设计；

③从盒子设计转变为具有品牌家族特征的设计。

阶段四：各国风格造型　　阶段五：盒子造型

图5-47　阶段四到阶段五的发展

阶段五：盒子造型　　阶段六：情感化造型

图5-48　阶段五到阶段六的发展

宝马设计总监克里斯·班戈以全新的设计语言改变了人们对汽车造型的理解。他创造的火焰式曲面风格通过凹凸起伏的变化，在紧绷的拉伸中赋予汽车造型以生命力。流体雕塑是现代汽车设计中的一种创造性理念，灵感来自将液体的流动性与固体的雕塑性融为一体，兼具硬朗与柔美，动静皆宜。流体雕塑的设计理念全面结合了欧美的审美倾向，将成为现代汽车的主要设计方向和标志性特征。

兰博基尼的边锋主义美学将硬边设计理念发挥到极致。雷克萨斯的设计理念不断进化，赋予汽车曲面以极为凌厉而多变的建筑式风格。其设计手法包括扭曲、翻折、卷边、穿插等方式，表现出千变万化且独特的美学特征。不同的企业采取了不同的造型设计策略。

（7）第七阶段：新能源和互联智能设计时期

汽车造型设计发展的第七个阶段始于2010年以后，随着新能源及互联智能汽车的普及，真正未来的汽车设计才刚刚开始。造型设计从情感化设计演变成对未来感的追求，具体演变包括：

①从激情的设计演变为新能源设计；

②从雕塑感的设计转向极端个性化的设计；

③从品牌家族化的设计转变为更具创新性的设计。

相对较少的限制条件，加之当前市场对新能源汽车的高度关注，催生了众多国内新能源汽车品牌，其更新迭代速度惊人以至于即便是学习汽车设计的人也可能对一些新兴品牌和标志感到陌生。汽车制造商的崛起为设计师和设计人员提供了广阔的创作空间，而互联网技术的发展为未来的智能驾驶和智能汽车系统开辟了无限可能性（图5-49、图5-50）。

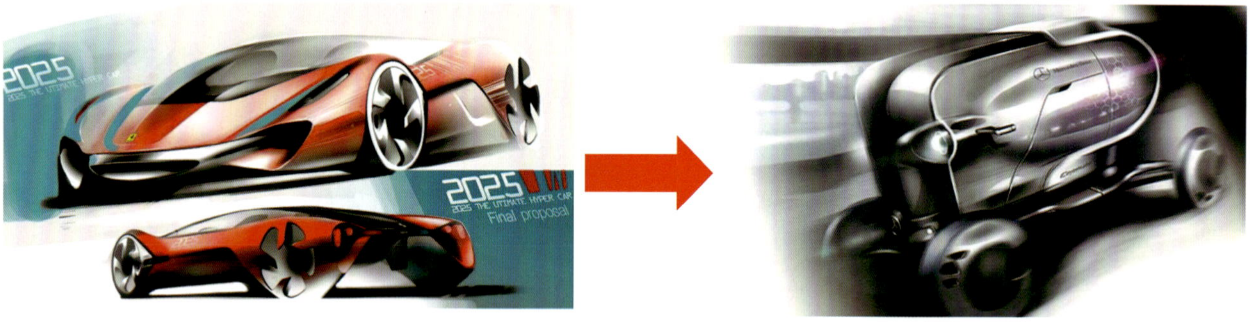

阶段六：情感化造型

阶段七：科幻未来化造型

图5-49　阶段六到阶段七的发展

图5-50　新型汽车

通过汽车造型的发展及各个阶段的美学特征可知，在产品设计中，形态设计不仅要符合形式美法则，还需要考虑众多因素。形态设计是产品设计的起点，而非终点。

【章后习题】

一、多项选择题

1.模块化设计的意义是什么？（　　）

A.缩短设计周期

B.便于维护和环保

C.简化产品结构，降低成本

D.提高商品售价

E.发现更加有趣的用法

2.模块化设计的设计原则是什么？（　　）

A.需求原则

B.1+1＞2原则

C.可实现性原则

D.经济性原则

E.美观性原则

F.功能性原则

3.契合形态的设计方法和规律有哪几种？（　　）

A.“分割”与“重构”法

B.平面组合法

C.单元组合法

D.空间组合法

E.拼板式设计方法

F.整体化的设计方法

G.平面材料的立体化

H.正负形组合法

4.1945年至1975年，汽车设计从流线型造型发展为各个国家具有不同风格的汽车造型，具体体现在哪几点？（　　）

A.从注重审美的设计转变为个性化的设计

B.注重细分市场的设计和商业化的设计

C.从注重市场反馈的设计变成注重造型的设计

D.从注重摩登时尚的流线型设计转变为浮夸的设计

二、问答题

从绿色设计的角度来看，契合形态的设计有什么优点？

三、讨论题

1.讨论模块化组合设计在家具设计中的应用。

2.讨论契合形态在生活中的应用。

3.讨论在汽车发展的过程中，形态设计的作用与价值。

习题答案及解析

参考文献

[1] 李昂．设计驱动经济变革：中国工业设计产业的崛起与挑战[M]．北京：机械工业出版社，2014.

[2] 刘国余，沈杰．产品基础形态设计[M]．北京：中国轻工业出版社，2001.

[3] 季倩．“设计之城”：与城市共生的设计产业[M]．南京：东南大学出版社，2016.

[4] 成乔明．设计产业管理：大国战略的一个理论视角[M]．北京：中国社会出版社，2016.

[5] 许彧青．绿色设计[M]．北京：北京理工大学出版社，2007.

[6] 姚江．产品形态设计[M]．南京：东南大学出版社，2014.

[7] 李锋，吴丹，李飞．从构成走向产品设计：产品基础形态设计[M]．北京：中国建筑工业出版社，2005.

[8] 沈榆．工业设计中国之路：概论卷[M]．大连：大连理工大学出版社，2017.

[9] 柳冠中．中国工业设计断想[M]．南京：江苏凤凰美术出版社，2018.

[10] 柳冠中．苹果集：设计文化论[M]．哈尔滨：黑龙江科学技术出版社，1995.

[11] 江湘芸．设计材料及加工工艺[M]．北京：北京理工大学出版社，2003.

[12] 尼古拉斯·佩夫斯纳．现代设计的先驱者——从威廉·莫里斯到格罗皮乌斯[M]．王申祜，王晓京，译．北京：中国建筑工业出版社，2004.

[13] 冯乙．城市导视系统色彩设计[M]．北京：中国林业出版社，2012.

[14] 司马贺．人工科学：复杂性面面观[M]．武夷山，译．上海：上海科技教育出版社，2004.

[15] 赫斯科特．设计，无处不在[M]．丁珏，译．南京：译林出版社，2009.

[16] 胡鸿．中国服务设计发展报告．2016：基于现代服务业的中国设计产业研究[M]．北京：电子工业出版社，2016.

[17] 刘曦卉．英国设计产业发展路径[J]．艺术与设计（理论），2012（5）：49-51.

[18] 路甬祥．设计的进化与价值[J]．中国工程科学，2017（3）：1-5.

[19] 朱焘．中华民族复兴与中国设计崛起[J]．创意设计源，2012（6）：10-15.

[20] 柳冠中．原创设计与工业设计“产业链”创新[J]．美术学报，2009（1）：11-13.

[21] 唐林涛．种子、土壤与气候——中国设计产业的未来发展之路[J]．装饰，2014（6）：84-85.

[22] 祝帅，郭嘉．创意产业与设计产业链接关系的反思[J]．设计艺术研究，2011（1）：19-24.

[23] 陈金德，姜慧，陈茂清，等．产品创新的两翼：科学技术与工业设计——以R公司为例[J]．科技管理研究，2019（13）：33-38.

[24] 邹其昌．关于中外设计产业竞争力比较研究的思考[J]．创意与设计，2014（4）：19-27.

[25] 陈冬亮．DRC中国设计产业的发展龙头[J]．科技潮，2009（1）：56-57.

[26] 邹其昌，华沙．工匠文化与中国设计产业发展战略研究[J]．中国艺术，2017（9）：48-51.

[27] 潘鲁生．传统文化资源转化与设计产业发展——关于“设计新六艺计划”的构想[J]．山东社会科学，2014（6）：87-92.

[28] 孙虎．导入标志元素的汽车车身造型设计研究[J]．装饰，2010（11）：98-99.

[29] 刘征．匹配过程的产品设计开发前期研究[D]．杭州：浙江大学，2008.

[30] 张馥玫．20世纪中国产业环境下的设计体制研究：以上海日化等行业的设计发展为例[D]．北京：中央美术学院，2014.

[31] 赵丹华．汽车造型的设计意图和认知解释[D]．长沙：湖南大学，2013.